52 Ways to Live a Kick-Ass Life

了不起的自己
写给每一个女孩的情绪整理手册

[美] 安德烈娅·欧文 著
江美娜 张积模 译

台海出版社

只 为 优 质 阅 读

好读
Goodreads

目 录

致谢 001
引言 003

第1章　对自己的生活和选择负责　007
第2章　走出舒适区　012
第3章　问问朋友如何为自己提供帮助　017
第4章　发掘你的个人价值　020
第5章　跟五个人分享你心中的梦想　024
第6章　相信自己的直觉（但不能只相信自己愿意相信的东西）　029
第7章　停止道歉和取悦他人　034
第8章　糟糕的关系是人生重要的一课　039
第9章　找到通往平静生活的路径　044

第10章	忘记前任	048
第11章	接受你会后悔的事实	055
第12章	不要在乎别人的看法	058
第13章	弄清哪些是"不可妥协的事情"	061
第14章	闭嘴倾听	065
第15章	多点乐子	068
第16章	甩掉那些你不再喜欢的朋友	071
第17章	痛苦＝智慧	075
第18章	寻找你的热情	078
第19章	爱自己是现在最流行的事	082
第20章	不要"觉得胖"	087
第21章	管理好你的"内心批评家"	090
第22章	看在上苍的分上：停止节食吧！	094
第23章	不要成为控制狂	099
第24章	别当"戏精"	104
第25章	不要被别人的生活绊住	109

第26章	去追求你想做的事	113
第27章	放下怨恨	116
第28章	成为自己心中的传奇	119
第29章	不再抱怨	122
第30章	原谅自己	125
第31章	尊重你独一无二的灵魂	129
第32章	勇敢创造	133
第33章	走出受害者困境	136
第34章	你永远都值得被爱	140
第35章	追求完美是一场没有终点的赛跑	143
第36章	摆脱不健康的关系	147
第37章	不要让攀比毁了你	151
第38章	"C+"可以改变你的生活	155
第39章	不要通过别人来定义自己	159
第40章	勇敢地坚持自己的信念，即使它不受欢迎	163
第41章	永远不要为真实的自己道歉	167

第42章	放自己一马	171
第43章	警告：完美的身材不会给你带来任何好处	175
第44章	你+感恩=刚刚好	179
第45章	创建一个优秀的朋友圈	183
第46章	被大大高估的"了结"	187
第47章	生活平衡是一个伪命题	191
第48章	多经历失败	195
第49章	运动不应该变成体罚	198
第50章	寻找信仰	202
第51章	勇敢说出你是如何麻痹自己的感觉的	205
第52章	要让自己适得其所	209

致谢

感谢我的父母,感谢你们给了我一个田园诗般的童年,感谢你们总是尽己所能为我提供美好的生活。感谢我的丈夫杰森,感谢我在懵懂颠顸的时候遇到了你,你的耐心、爱和善良是上天给我的最好的礼物。感谢我的孩子科尔顿和西德妮,你们的到来点燃了我自我完善的热情。

感谢我的姑姥姥诺尔,我的阿姨们,我的姐姐朱迪、安娜玛丽亚·洛文、卡琳娜·菲德勒、彭青·霍兰和我的闺密艾米·史密斯。感谢所有坚强的女性,你们用自己的行为和能力塑造了我,你们用智慧浸润了我,你们每天都在教我成为一个更好的女人。感谢柯特妮·韦伯斯特、卡门·哈特曼和谢尔比·克里斯曼。感谢了不起的治疗师克里斯·瓦尔迪兹。当我需要的时候,你给了我帮助。

感谢所有促成此书的人。感谢我的经纪人米歇尔·马丁,感谢你给新作者提供了一个难得的机会。感谢亚当斯媒体公司,感谢你们向我伸出援手,对我的信息、声音和文字深信不疑。感谢贾娜·肖伯斯、海伦·豪斯和黛比·瑞伯,没有你们,我就会迷失在自己臆想的世界当中。

感谢所有关心我、激励我、鼓舞我的女性。本书是为你们而写的。

最后,还要感谢我的前夫。你是我的催化剂,感谢你给了我自由。对此,我将永远心存感激。

引言

2006年2月13日

  我的丈夫什么时候会来我的公寓,和我一起共进情人节晚餐?我不知道。当时我们已经分居了,对未来会发生什么我无法预料。我们的关系时好时坏。好的时候,我们可以坐下来,把问题好好捋一捋。可是,过了一个晚上,情况似乎又变得不妙了。

  我拨打了他的手机,是一个女人接的。这几个月我一直怀疑他有外遇,这也是我们分居的主要原因之一。可是,几个月来,他一直都在否认。然而,就在她接起电话的那一刻,我什么都明白了。

  我问她叫什么,她告诉了我。

  我直截了当地问她:"你是不是和我丈夫上床了?"她回答说:"如果你问这个,那我们得好好谈谈了。"

  那一刻,我知道,一切都结束了。

2006年10月

我独自一人在我丈夫——即将成为我前夫——的父母家,把我的东西从阁楼里一箱一箱拉出来。当我提着一个大箱子十分笨拙地走下楼梯时,我看到大门的把手在转动。接着,有人走了进来。是我丈夫,还有他的女朋友。她已经怀孕七个月了。

分居期间,我们一直在讨论,想要个孩子,而此刻,一个大着肚子的女人就站在我的面前。

他们一起买了一栋房子,甚至还养了一只狗。现在,他们又有了孩子。看到她的那天,我一直在想:一个人会不会因为心碎而死?

然而,在接下来的几个月里,我慢慢醒悟了。世界抓住我的肩膀,使劲摇晃着,想让我醒过来!十三年的夫妻生活让我窒息:我一直在为别人活着,因为我太渴望爱情了。这都是他的错吗?绝对不是!

我必须百分之百地对自己的生活负责。我表面上十分快乐,内心却十分痛苦。我相信,我自身有问题;我相信,只要能做出改变,一切都会好的。

2006年10月,上天给了我一张人生的单程票。究竟是上车继续前行,还是留在原地,过着充满怨恨、责备和苦涩的受害者生活,这需要我自己做出决定。

经历这次打击后，我疯狂地吸收着能治愈我的一切东西。这本书包括了我在治愈自己的过程中的所得所想。

治愈并不容易。事实上，我最不喜欢听的一句话就是"说起来容易做起来难"。当然，过去我自己也常常说这句话。但是，最近几年，不知为什么，每当听到这句话时，我都感觉很不舒服。

我对"说起来容易做起来难"这句话的回应是：少说废话！是的，我就是这么肆无忌惮地说的！我可以向上天发誓，我再也不会对任何人说这句话了。更为糟糕的是，这句话后面似乎总是跟随着一条关于生活、治愈或"忘记过去、继续前行"的建议。

所以，我们一定要记住：生活不易，愈合很痛，而"忘记过去、继续前行"，对大多数人来说是很难做到的。

你可以谈啊谈啊，谈你这辈子想做什么。你可以抱怨这个，抱怨那个。可是，当你真的需要直面生活的变化时，就会觉得"说起来容易做起来难"。所以，在现实生活中，人们往往容易坐而论道，抱怨某某人或某某事让自己变得不太快乐。他们认为，"改变自己"或"完善自己"真的是"说起来容易做起来难"，因而想都不会去想。

我个人认为这纯粹是胡说八道。别再逃避了。世界上哪件事情不是"说起来容易做起来难"？没有行动，空谈有何意义？这一点每个人心里都很清楚。我知道，有一件事情是千真万确的：充实、快乐、精彩、美好的生活是离不开努力的。所以，要学会借鉴过去，经营前行中的自己，直面问题，戒掉不良嗜好。依我拙见，如果这件事非常容易，那么世界上就不会有这么多的问题了。

难吗？很难。可是，我们完全可以从书籍里面，从教练、治疗师和互援团那里寻求帮助。线上的可以，线下的也可以。我认识的人中，有一个算一个，都是先寻求援助，再采取行动，进行自我完善，最后过上了幸福的生活。很多人都是如此。

我相信你也可以做到。不妨从这本书开始吧。无论你的遭遇如何，无论你的故事是否和我的一样伤心，这本书就是为你写的。是的，这本书就是为那些累了倦了的女人写的，为那些不畏艰险的女人写的，为那些准备大干一场的女人写的。诚然，成为了不起的自己需要努力，但更重要的是其中的方法。遵循本书的建议，认真地审视自己，不怕艰难险阻，勇敢地去追求令人艳羡的生活吧！

你是自己最宝贵的财富。你是无价之宝，值得付出一切努力，让自己变得充实、快乐。人生苦短。你内心蕴藏着巨大的爱的力量。你所需要的只是一点点信念，相信自己可以创造美好的未来。寻找机遇吧，拥抱机遇吧。

尽自己所能去生活吧，去热爱吧，去学习吧！

安德里亚

第1章
对自己的生活和选择负责

要想开启精彩的人生之旅,你必须对自己的生活负责。

如果你因为自己的不快而抱怨、责怪他人,如果你觉得自己注定要过乱糟糟的生活,那么我算找对人了。

如果你经常觉得自己可怜兮兮,如果你经常扮演受害者的角色,那么我算找对人了。

如果你就是上述这样的人,你可能会想:因为他不知道我有多难,因为他不知道发生在我身上的事情有多可怕。

事实是:每个人都可能会有一个悲伤的——甚至是令人心碎的——故事。你在这方面并非是独一无二的。我不是,你的邻居不是,你在网络上看到的任何一位名人也不是!残酷的现实是,你在这个怨天尤人的故事里停留的时间越长,对自己和他人重复这个故事的次数越多,就越会陷入同一个故事的循环。你想一直困在里面吗?你想困在同一个故事里吗?如果不想,那就不要总觉得自己是受害者了。

你的际遇并不意味着你注定不幸。它们不过是客观发生的事，不过是人生阅历罢了。这里的问题是：你的生活是由你的境遇组成的。你对它们的反应和想法决定了你的感觉和信念，也决定了你的现实生活。

假设在过去的一年里，你由于暴饮暴食和缺乏锻炼，体重猛增了20磅[1]，而现在你想减肥。

你的境遇是：你比自己想象的要重20磅。

你的想法可能是：自己又胖又懒，没有吸引力。

你的信念可能是：自己永远不会拥有一段理想的感情，或者永远不会得到晋升，而这一切都是因为自己太胖。

你可能会感到悲伤、自卑或无用。一旦有了这种感觉，你认为自己会怎么做？当人们感到悲伤和无用时，你认为他们会保持健康的生活方式、会坚持锻炼吗？大概不会。

这种思维模式和随之而来的问题是，你所采取的行动通常是怎样的。你可能会暴饮暴食，不去锻炼，由此产生的挫败感和消极想法会让你感觉更糟。于是，你那"我很胖，没有吸引力"的想法便得到了行动的支持。当你身陷其中时，便进入了一个无法摆脱的死循环。

但是，这里需要再说一遍，让你产生这种感觉的并不是你的"境遇"，而是你对它们的"想法"。不管你信还是不信，你之所以会有这样的想法，完全是自己的选择。

---

[1] 1磅≈0.45千克。（译者注）

生活中充满了各种各样的选择：有大的，有小的，有有意识的，有无意识的。有些选择会令你左右为难（我该接受这份工作吗？我该离开他吗？），有些则比较微妙。但是，我完全相信，通过练习，你可以改变自己的思维方式，勇敢地选择自己的想法。你可以放下固执的信念和自我批评，做出更好的选择。

你要做的是将消极的想法转化为积极的想法，继而转化为坚定的信念。这些信念会产生良好的感觉。一个拥有良好感觉、坚定信念和积极想法的人，大概率会做出明智的选择，从而改变自己的境遇，过上更好的生活。

我不是要你创造奇迹，而是要你改变自己的想法，尤其需要注意那些消极想法，并迫使自己将消极想法转变成积极想法，看看会产生怎样惊人的影响：

	消极选择	积极选择
境遇	体重增加了20磅。	体重增加了20磅。
想法	我又胖又懒，又没吸引力。	我想通过健康的饮食和锻炼减肥。
信念	我永远不会拥有美好的爱情，永远找不到好的工作，因为我太胖了。	健康的饮食和锻炼会给自己带来更多的能量。我感觉好多了。
感觉	悲伤、自卑、觉得自己没用。	有活力、骄傲、觉得自己很有价值。
结果	我的体重保持不变。	我的体重下来了，我感觉好多了。

看到了吧？将消极想法转变为积极想法会产生完全不同的结果。坚持一种想法或信仰并不困难。比如，我们中的一些人就是因为坚持了自己的想法，才领证结婚的。当然，我们有时没有看到另一种东西的存在，从未看到，那就是承诺。如果你认为对积极选择的承诺很难，那么，不妨想想自己曾经对消极选择做过的决定吧。所以，看到了吧？你可以承诺的。

再举一个例子。很多事你认为是事实，但其实只是你的想法。记住，不是"境遇"（比如负债），而是"想法"。例如，当你产生"我永远无法摆脱这笔债务"的想法时，问问自己："如果换个想法呢？"你不必说完全相反的话，不必重复什么意义深远的内容，只要对不同的想法感到好奇即可。"如何做我才能还掉这笔债务呢？"多方位考虑，不抱任何幻想。又如，重新考虑一下"所有的好男人不是同性恋就是心有所属"或者"我太胖了，没法去健身房"等想法。

如果那些好男人不是你想象的那样呢？

现在，我们换个角度来看。女性通常会削弱自己的信念，因为有些女性喜欢小题大做。常常在自己的脑海里"做戏"，并且会不知不觉地就陷入恐慌之中，或开始想入非非。

在这种情况下，我最喜欢问的一个问题是："如果这不是什么大不了的事情呢？"学会退后一步，看看自己的问题是不是真的是什么大不了的事情。

大多数时候，的确不是。所以，拥抱自己现有的生活吧。当你开始为你的生活（你的境遇、想法、感觉、信念）承担责任时，你会变得更好。你可以做出更加明智的选择，其结果会令你更加开心。

我爸爸给我的最好的建议之一就是：你可以什么都不做，那也是一种选择。但是，我们应该知道，人一旦做出选择，就要承担后果。爸爸说的百分之百正确。

第2章
走出舒适区

现今大多数人沉迷于自己的舒适区,难以自拔。当他们被迫离开舒适区时,会惊出一身冷汗,会大发脾气,会彻底崩溃。

想让自己的生活舒适安逸本身并没有错。作为人,我们天生渴望安全,需要安全。安全感让我们开车前要系好安全带,让我们过马路前要先看车,让我们不能吃生肉之类的东西……但是,建设美好生活的真正秘诀在于走出舒适区。

想想吧,生活中任何能让自己真正快乐、真正满足的东西,都不是那么容易获得的。你必须突破现有的极限,摆脱受限心理,克服恐惧心理。无论是竞选学生会主席、约会,还是申请工作,都要勇于接受挑战。

你可能会认为别人过得比你轻松。事实真的如此吗?答案是:并非如此。我不相信每个人在做出决定和采取行动时都是一帆风顺的。事实上,我们每个人都会在选择时左右为难,内心深处也会有一种令自己难受的感觉。他们和朋友通话时也会情绪激动，声泪俱下。是的，很多人都会这样。

现在，不妨回答以下两个问题：

- 你想做的事情有哪些超出了你的舒适区？
- 如果那真的是你想要的，你为什么没有去做？

我想可能是因为"恐惧"二字吧。

让我们来看看走出舒适区会引发哪些恐惧：

- 害怕失败
- 害怕成功
- 害怕别人的评价/批评
- 害怕承诺

当然，还有很多很多。如果要我猜的话，这些恐惧你都会有。

我不想告诉你，你绝对不是唯一一个害怕追求梦想的人。也许你能从我的话中得到些许安慰。因为为了梦想而走出舒适区的人和依旧留在舒适区里的人，他们之间的唯一区别在于"行动"二字。无论你是正在走出舒适区，还是将要走出舒适区，都要设法摆脱恐惧，找到勇气，重拾信心。

真的。

所以，我请你说出你害怕的事。你害怕会发生什么事？我要听完整的故事，全部的细节。来吧。

既然你都说出来了，请你继续往下看……

你真的认为你所恐惧的事会发生吗？这真的不是你想象的吗？即使在某个疯狂的平行宇宙中，你害怕的事真的发生了，又怎样呢？

举例来说。我有一个客户，想辞职创业。她讨厌自己的工作，却爱上了自己真正想做的事情。在向周围的人宣布她真的想改变后的几个月，她辞职了，并获得了五个月的补偿金。当然，她可以选择不辞职。不过，她认为这是一个绝佳的机会。

但是，她担心会把钱花光，创业会失败，自己会显得又蠢又傻。而这一切太可怕了，离她的舒适区太远了。

于是，我问她："钱用光了怎么办？你能再找一份兼职吗？"

她说："能。"

我说："你真的觉得生意会失败吗？"

她说："不会。"

我说："即使发生了一些不可预测的事情，你认为地球会停止转动吗？换句话说，你能重新开始吗？"

她说："能。"

一旦一个人能够正视自己的恐惧并做出思考，这些认为困难的事就不值一提。我很高兴地告诉大家，我的客户收拾好了东西，愉快地离开了原有的岗位，开始了自己梦想中的事业。她害怕了吗？

是的。她害怕了，但她还是做了。

所以，当你害怕走出舒适区时，不妨问问自己：你将来有一天会后悔这样做吗？后来，我总是问我的客户下面一些问题：一年后，你会后悔当时没开始吗？或者，当你80岁时，你会后悔当时没有去做吗？

在弥留之际，你能接受"自己没能走出舒适区，没能去做内心渴望去做的事情"这样的事实吗？

如果你的回答是"能接受，没问题"，那么我会说："你不用来读这本书了！"

我的爱好是轮滑。20世纪70年代，我还是个小女孩。那时，我在电视上看到过许多轮滑女孩，我认为她们是坚强、时髦、粗犷的女孩。现在，我快40岁了，想玩轮滑的想法又卷土重来了。我内心深处有个声音说：你太老了，会受伤的，会显得很傻。可是，你们知道吗？我还是去滑了。我害怕吗？是的。我去之前是信心满满的吗？不是。但我去了。后来，勇气就慢慢上来了。

因为我从来没有想过要跟我的孩子和孙子说："我觉得轮滑很棒，很酷，可我太老了，就没去滑。"

如果是那样，那将是一个蹩脚的笑话。

说实话，在做出最终决定之前，我想了大约七年。在漫长的七年里，我很害怕，也很忙，还怀孕了（好吧，这实际上是一个不玩轮滑的正当借口）。

此外，明明知道自己不能胜任某事却偏偏迎难而上，是不是更加可贵？比如，成为第一次跑马拉松的75岁老妪；又如，成为没有相关背景的摄影师。这些让他人意想不到的"普通事"，做起来是不是真的很了不起？

走出舒适区，并不意味着要做一些疯狂的事情。比如从飞机上跳下来。

如果你把房间漆成自己喜欢的颜色呢？如果你换一个自己看中已久的发型呢？如果你加入一个男女同校的垒球队或缝纫俱乐部呢？如果你重拾一个很久以前因为"生活"而被迫放弃的爱好呢？

借口总会有的，害怕的事也会有的，我们都是问题的终结者，我们是不是该把这一技能写进自己的简历？所以，忘掉无稽之谈，相信事情全靠我们自己解决。同时也要忘掉恐惧，行动起来。

可如何才能做到这一点呢？先忘记你害怕的事吧，就五分钟好了。然后，从头开始，看看究竟会发生什么。

很多舒适区外的事情看起来非常可怕，所以借口自然而然也就来了。没错，有些事情可能真的很令人恐惧，在你眼里是一座大山，你也许会非常害怕，继而打消攀爬的念头。

其实，真正重要的应该是迈开第一步：打开浏览器，做一个简单的搜索。当然，也可以和别人说说（详见第5章）。看这座山是否能攀登。在舒适区外做一些小事有助于获得前进的动力。做小事，无须借口。做小事的好处在于，小事做多了，就能做成大事。比如，你也许会登上山顶，而这绝对是你始料未及的。

第3章

问问朋友如何为自己提供帮助

为什么我要用整整一章的篇幅来谈论帮助他人的事情呢？因为帮助朋友（甚至是陌生人）是你忘记自身问题的最便捷的方法。帮助他人从来都不是关乎你个人的事情（如果你把它当成关乎你个人的事情，就可能会问：为什么人们不想让你帮助他们？）。我想，如果你碰巧拿起这本书，可能和我一样，偶尔也会遇到此类问题。

请想一下，尽管人与人之间的联系有利益在内，但人们希望试图自我解决问题，自我疗伤。这听起来是不是有点消极？很多时候，我们并不知道他人有困难，直到他们真的感到很痛苦，告诉我们，可那时，情况已经十分危急、十分糟糕了。所以，我认为，要想创造一个美好的生活，真的需要"全体人"一起努力。

比方说，你感觉自己陷入了流沙般的困境当中。或你一直在思考生活中的某个问题，一直在寻找答案。也许你为此感到难过，也许你为此感到为难。遇到这些情况，不妨这样：向别人伸出援手。

即使你认为他人不需要帮助,也不要对其潜在问题进行假设或指责,而是要以一种真正开放的方式来帮助他。

对话可以是这样的:

你:"朋友,你好。你还好吗?"

你的朋友:"还好,老样子。"

你:"需要帮忙吗?需要什么样的帮忙?"

你的朋友:"你说什么?"

你:"我知道,这听起来怪怪的。但我只是想让你知道,如果你生活中遇到了难题,我愿意倾听,愿意帮忙。所以,你还好吗?"

你的朋友可能会有点吃惊,有点怀疑,有点不安,因为他会认为自己的事被你看破了!实际上,很多时候,我们和朋友相处时,都把对方忽视了,忘记了给予帮助是多么重要。不问,怎么能知道呢?也许你的朋友正在经历着某种困境呢。问,是最简单的,但问时要注意方式。

此处,再给大家一个提示:有时不妨诚实一点。举例来说。你可能会遇到这样一个朋友,他说:"我不想谈论自己。你这是怎么了?"你可以诚实地回答他,告诉他你厌倦了一遍一遍地谈论自己的"破事",你想通过帮助他来忘掉这些。如此一来,一切都说开了。

帮助他人有一个"副作用"：即自我感觉良好。我想，帮助他人应该完全是利他的。如果帮助他人时自我感觉良好，那是消极的和自私的。对此我强烈反对。在我看来，帮助他人时自我感觉良好是可以的，而且还是很棒的。但唯一需要注意的是，要看看帮助他人是否以外部反馈为条件。换句话说，如果你帮助他人的初衷就是给自己带来良好的感觉，那么，你需要首先提高自己的修养。这样，你就不会依赖助人的行为给你带来你想要的东西了。

请记住，助人意味着你不期待任何回报，包括一句"谢谢"。所以，当你决定帮助他人时，不要去想结果。有时，助人是一件吃力不讨好的事（为人父母，会懂得这一点的），但不能因此就彻底放弃。

如果助人是为了哗众取宠，那还是算了吧，最好什么都不要做。助人的真正含义就是伸出援手，不包括任何"助人让自己脸上有光"的成分。

你还会发现，越是敞开心扉去帮助他人，就越能得到回报。同样，主动接受他人的帮助也是给予对方的一份宝贵礼物。所以，如果机会来了，就欣然去做吧！

第4章

发掘你的个人价值

你独特的个人价值对你的生活来说至关重要。我这里说的"价值",不是"价值连城的藏品"[1],不是奶奶收藏的百岁娃娃,而是你的"价值观"。

我问你一个简单的问题:对你来说,最重要的东西是什么?我们长大以后大都知道自己家庭的价值观是什么,知道信仰的价值观是什么或文化的价值观是什么。

那么,你的价值观是什么?

你的价值观对你来说至关重要。大多数人很少抽出时间思考自己的价值观是什么,它们可能仍然和父母的价值观、宗教观或文化观交织在一起。实际上,你的价值观里还包含很多你没有意识到的

---

[1] 价值连城的藏品:英文是"valuables",就是"贵重物品"。作者在此玩了一把文字游戏,因为前面提到的"价值观"(values),与"valuables"同源,且拼写很像。(译者注)

东西。

要列出一份完整的价值观清单，首先要回答以下问题：你的生活中哪些事是重要的？比如，与他人持续保持深层次的联系很重要吗？保护环境很重要吗？热衷于某种教育方式，并以此教育自己的孩子很重要吗？

这些问题的答案根植于你的价值观。

另一种发掘你价值观的方法是思考你生气的原因。当某件事情让你感到生气时，这很可能意味着你的某种价值观遭到了践踏。

为了帮助你思考，我在这里列出了一些常见的价值观：

充实	快乐
大胆	诚实
社交	幽默
教育	正直
家庭	亲密
自由	善良
乐趣	有为
感恩	精神

当然，类似的价值观还有很多。还有一种做法，就是给价值观下定义，或将几种价值观放在一起，从而确定哪些价值观对你来说是最为重要的。例如，"自由"在你的心里和在别人的心里可能有

完全不同的意义。对你来说，"自由"意味着"自由的精神"，但对他人来说，"自由"则可能意味着"独立"。所以，在对其下定义时，一定要保持开放的态度。

当你列出这个清单时，务必要远离有形的东西（详见第13章）。如果你反复谈论美食，认为美食就是你的价值观，那么不妨想想美食到底给你带来了什么。你真正渴望的是烹饪带来的创造力，还是在做饭或吃饭时与朋友进行的交流？或许，你真正喜欢的不是具体的某种事物，而是这种事物给你带来的感觉。

有了清单之后，请不要就此止步。紧接着问问自己，这些价值观在你的生活中有多活跃。给每一种价值观打打分（10分是最高分），以此观察每一种价值观在你的生活中受重视的程度。例如，假设你的价值观清单上有"健身"一项，但是由于种种原因，你已经几个月或者几年没有锻炼了。显然，即使"健身"对你来说十分重要，它的分数也高不到哪儿去，那就给它2分吧。

很多时候，我们不可能同时坚持自己所有的价值观，半途而废是常有的事。但是，如果你有一个"必做清单"，就可以更加清晰地看到哪些价值观是十分重要的，为此挤出时间也是值得的。

说到价值观，有一点非常重要。那就是，它们是属于你个人的，不接受他人的评判或嘲笑，永远不！如果它们对你来说很重要，那么它们就应该是很重要的。就是这样，没有例外。

下一步就是要看看分值低的几项。想出一两件可以马上做的事情，来提高分值。如果"健身"得分很低，而这又恰恰是你重视的价值观，那么本周内就从一些简单的事情开始做起，比如散步。

我坚信，你的个人价值观和你的基本需求（如对食物、水和住所的需求）同样重要。假设你最看重三种价值观：诚实、精神和创造力，而它们的得分分别是8分、9分和10分。又假设你所在的公司正在从事违法活动，而公司却要求你设法掩盖，如果你拒绝，就有失去工作的危险。你怎么办？你应该有能力决定生活中什么是可以接受的，什么是不可以接受的。而随便容忍自己的决定只会带来糟糕的感觉。

通过列出自己的价值观，你会发现自己正在绘制一张如何让自己快乐的蓝图，也洞察了让自己不快乐的事物。如果你发现很多价值观在你的清单上得分仅有1分、2分和3分，不妨抽时间关注一下它们，每次关注一点。毫无疑问，只要你坚持练习，它们一定会给你的生活带来积极的变化。按照自己的价值观生活，你会变成一个更加快乐、更加健康的人。

第5章
跟五个人分享你心中的梦想

我相信每个人都是梦想家,即使有的时候你觉得自己并不属于这个行列。梦想家可以分为两类:

1. 行动者:无论是准备充分后采取行动,还是不顾一切地快速行动。
2. 有梦想却没有行动的人。

在追求梦想的道路上,我们经常说服自己"这只是一个梦而已"。我们把它藏在内心深处,或者只告诉一个人,却很少讨论行动计划。于是,梦想"胎死腹中",继而"这只是一个梦而已"的信念也就得到了证实。

我不知道你是怎么想的,但我并不这么认为。

这一章的读者是那些出于恐惧而将梦想藏在心底的人,因为他们：

- 害怕别人的眼光。
- 害怕得不到支持，甚至害怕得到支持。
- 害怕告诉别人自己的梦想。
- 害怕尝试和失败。
- 害怕为梦想付出行动。

大多数充满活力的人都有一个梦想。这个梦想可能很渺小，也可能很宏大；可能是远走他乡，也可能是称霸世界。它可能自你童年起就开始坚持，也可能是你这个月刚刚定下的。梦想没有对错之分。就像价值观一样，你的梦想是属于你自己的，不应受到包括你在内的任何人的嘲笑或评判。

现在，我有几个问题要问你：

- 你心中的梦想是什么？
- 它对你来说为什么重要？
- 按10分制来看，你给它打几分？
- 你现在打算怎么办？

（我启发到你了，对吧？）

我在此向你发起挑战：跟五个人说说你心中的梦想。重要的是，那五个人不能践踏你的梦想（如果他们践踏了，请记住：他们说的负面的话与你或你的梦想毫无关系。那完全是因为他们没有足够的勇气去相信自己的梦想能够实现。那只能表明他们的不安和恐惧，也表明他们对你的羡慕，因为你有胆量说出自己的梦想）。

告诉别人你的梦想。关键是，当你说出来的时候，它就获得了变成现实的能量。这和魔术师挥舞着魔杖说"瞧，在这儿呢"不一样。大声说出自己的梦想意味着赋予它巨大的力量，意味着你在对自己、对他人、对整个宇宙做出承诺。你实际上是在释放能量，是在自己的心里创造激情。此外，当你告诉别人自己的梦想时，请体会自己的感受。你激动吗？你感到胃里翻江倒海了吗？如果它惊出你一身冷汗，那就表明你开始进入状态了。如果你感到兴奋，那就说明这样做的效果显著。事实上，这是你对"我应该去实现我的梦想吗？"这个问题的回答。

当你谈论梦想的时候，可能还会发生一些更有趣的事情。

1. 你告诉的那个人可能也会告诉你他的梦想，然后你们可能会十分兴奋地谈论着彼此心里的梦想。当然，你们的梦想也许并没那么有趣，没那么诱人。

2. 你的"内心批评家"可能会打断你，告诉你为什么无法实现自己的梦想（详见第21章）。也许别人的"内心批评家"也会打断你，告诉你为什么不能或不应该实现自己的梦想。

如果第二种情况发生了，这并不意味着你不应该说出你的梦想，它只能留在你的脑海里。绝对不是。这只意味着你正在做着一件非常大的事情。没错，非常非常大的事情！

这都是因为你的"内心批评家"。当你在做一件令人兴奋的大事时，它会非常生气。你可以把它当作一个指示器，而不是梦想粉碎机。把它想象成你内心的晴雨表吧。当你因为梦想而感到害怕时，它会亮起巨大而明亮的绿色光束，告诉你：就是这样！

分享梦想的另一个好处是，你要承担责任。这类似于与你的生活教练一起工作：你分享梦想，克服恐惧，采取行动，然后你的教练让你对自己的言行负责。那种说完"当然，我马上去做"，之后无人过问，你因此得以解脱的情况绝对不会发生。

所以，当你跟五个人分享内心的梦想时，别忘了告诉他们你会为此承担责任的，让他们在一周或一个月之后再次问你这件事情。

让我再说一次我们为什么要为自己的梦想寻找见证人，然后采取行动：在宇宙的长河中，我们的生命只是其中的一瞬。不管你的最后一天是今天还是哪一天，在生命的尽头，你想如何描述自己的一生？

很好？

平和？

完美？

充实？

你必须做出选择。

你的梦想就是你的梦想。如果你把它们藏在心里,那它们永远不可能实现。在我看来,那可能是世界上最可悲的事。

第6章

相信自己的直觉（但不能只相信自己愿意相信的东西）

你的本能，你的直觉，你的精神，你灵魂的罗盘，上苍，宇宙，神奇的力量……不管你怎么称呼它，它是你内心的一个声音，是你人生的指南针。

大多数人在听到这个声音后会开始重视自己的感觉，但是又会像推掉不想吃的剩菜一样把它推到一旁。果然，事情并没有像他们预期的那样发展，或者说，事情完全失去了控制。这可能指的是一段情缘、一次购物或一份工作。

（因为上苍知道，我们都有过这样的感觉或听到过这样的声音："我不太了解这个人，他看起来不怎么样。"但我们还是和他约会了，甚至和他结婚了。这究竟是怎么回事？）

有时，你会突然冒出一个很好的想法，但就在这时，那个声音披着令人讨厌的逻辑和推理的外衣跳了出来，让你改变了主意。然后你发现，你最初的想法和反应都是正确的。

例如，想想某时某刻，你的直觉对你大声清晰地说着什么。也许是关于一个人、一份新的工作或者一个新的机会。可是，你听了吗？

告诉我，朋友，如果你没听，结果怎样了？

如果你忽视了自己（正确）的直觉，请不要自责。大多数人第一次意识到直觉的存在，是在没有听从直觉的时候。就拿我来说吧。我离婚后和一个男人约会了，结果发现，他百分之百是我的一个噩梦。我一点儿也不夸张。我记得第一次约会时，我就在想：事情有点不大对劲，可我不知道究竟是哪里不对劲。他又高又帅，很有魅力，又那么风趣，我觉得找到了自己的白马王子。第二次约会时，我的直觉大声告诉我"快跑"。时至今日，我仍然无法告诉你我为什么会产生那种感觉，那个感觉并不明显，但我感觉到了，却强迫自己忽略了。九个月后，事情开始失控。

直觉并不复杂，相反，直觉十分简单。它不需要太多的思考、精力、魔法或神通，它只需要认真倾听。直觉可能是这样的：

· 注意你的顿悟时刻，即使它毫无意义，也不符合你对事情的预判。

· 注意你身体的信号，远离那些从你身上吸取能量的人。

· 注意"善意的鸡皮疙瘩"，它是做决定时说"是"的信号。

- 采取行动的前提是要有能感动你、激励你的东西,而不是那些仅仅在纸上看起来合乎逻辑的东西。

如果你需要帮助,这里有很多方法,它们不仅可以强化你的直觉,还可以增强你倾听直觉的能力(首先,我要说的是,对于醉酒的嬉皮士来说,这本书可能感觉有点难以相信,但它会让你头脑清晰。不管你是不是相信,保持开放的心态,让我们开始吧)。

首先,练习向你的直觉提出问题。大声说出来,或者把你的问题写下来。看看自己想知道什么。你可以这样问自己:

- 我所知道的都是真实的吗?
- 这些对我来说一定是对的吗?
- 我的心里真正想要的是什么?

然后,安静下来,等待,倾听。因为你的直觉只有在你倾听的时候才能帮助你,而直觉的答案通常是你脑子里蹦出的第一个念头。需要注意的是:直觉的答案可能并不是你最想听到的答案。我们通常会对直觉信息进行筛选,只按那些简单的、不伤人的、有结果保证的信息行事。

据我所知,生活不是那样的。

另外,检查一下你的身体。如果你感到沉重或者消极,很可能是直觉在告诉你"答案是否定的"。

像许多人一样，你可能会发现直觉信息会引起恐惧。结果，我常常听到这样的问题：如何区分直觉和恐惧？有时我会把直觉和其他感觉相混淆。

这个问题问得好！

以下几点能帮助你将恐惧和直觉区分开来：

1. 恐惧住在你的脑袋里，直觉住在你的心里和身体里。一般来说，恐惧的声音较大，侵扰性也较大。直觉的声音较小，与决定的结果无关，且无法解释；恐惧是持续的，是建立在感知逻辑之上的。

2. 恐惧是一种更加消极的情绪，是通过身体对思想的反应表现出来的（如出汗、肾上腺素激增、惊恐等）。直觉是一种较为轻松的感觉，如果得到倾听，应该不会引起恐慌。恐惧让你想要逃离、隐藏和躲避你认为即将到来的事情，而直觉则对可能到来的危险非常了解，让你有信心继续前行。

3. 恐惧在最糟糕的情况下出现，而直觉则在当下出现。当你发现自己在考虑第2章中那个令人害怕的故事时，那意味着你在应对恐惧，而不是直觉。

底线是：直觉为你加油。直觉是你的"啦啦队队长"和"粉丝"；直觉是你的"看门狗"和"保镖"。直觉会一直支持你。它就住在你的身体里，常常和你说话。把它当成你所见过的最凶猛、最可爱的比特犬吧,只是它是以天使的面孔出现的。

没有任何东西和直觉一样,永远对你不离不弃。

你所要做的就是认真倾听。

第7章
停止道歉和取悦他人

我在这一章中讲述了道歉和取悦他人这两项内容，因为我发现，善于取悦他人的人往往都喜欢道歉，反之亦然。二者就像豆浆和油条一样，是天生的一对。

先从取悦他人开始。我们身边到处都是讨好他人的人，这一点并不奇怪。因为我们都希望别人喜欢我们、接纳我们、爱我们，所以，我们的举止就会有些古怪，遇到谁都点头称是，好像我们的生活就取决于此似的。

好在，还有希望。

以下建议可以帮助你停止取悦他人。记住，这是需要练习的。找到对你有用的方法，不断练习，慢慢就会上手了。改变不会在一夜之间到来，但一定会来，关键是你首先要学会取悦自己。

- 记住，决定需要自己来做。我将在本书的几个章节中反复强调这一点，直到你听厌为止。这恰恰是你需要反复提醒自己的事情之一。就连我认识的最成熟的人仍然在练习为自己的选择负责。即便在你违心说"是"的情况下，也依旧拥有选择权。这一点千万不要忘记（如果你需要复习一下如何做出选择，请参见第1章）。

· 为自己争取时间。当有人要求你做某事时，你不需要当场给出答复。如果你还在练习说"不"，并且感觉很不舒服，那么你可以说："让我看看日程表。""让我问问我的魔法8号球。""我得和我丈夫商量一下，明天给你答复。"哪种说法都可以。争取一点时间，这可能会帮助你获得一些说"不"的力量。

· 试试"非'是'即'不是'"这个隐喻。这个隐喻是我的一位导师吉安娜·加贝林尼教给我的，它确实改变了我的生活。当有人要求你做某事时，问问自己答案是不是"是"，你可能马上就会知道结果。相反，即使是"也许"，也是"不是"。使用这个隐喻可能会帮助你更加清醒地意识到，为了取悦他人，你曾经一而再，再而三地违心说"是"。

· 在给出答复之前，创造一个必要的惯例。几年前，我在收听布琳·布朗的播客时，她说，当有人要求她做某事时，她会把结婚戒指在手指上转三圈，然后给出答复。（她举的例子是，学校要求她第二天早上为女儿所在的班级制作三打纸杯蛋糕。她转了转手上的戒指，婉言谢绝了。）就像"为自己争取

035

时间"一样，这个惯例的确为你赢得了时间，可以问问自己答案究竟是"是"还是"不是"，然后做出相应的回复。

· 不要找借口。这往往发生在你不愿意直接说"不"且害怕尴尬的时候，即便你一开始就预感到会变得尴尬。如果你发现自己一直在找借口，不妨停下来，好好观察，并且不要再找借口了。

· 当你说"不"的时候，要清楚你在对什么说"是"。生活中有各种各样的事情，如陪孩子、去健身房、过较为轻松的一周，等等。如果你想不出对具体的哪件事说"是"，一定要确保你始终在对自己说"是"。

· 避免编造"如果说'不'，结果会如何"的可怕故事。通常，人们会在大脑中盘算着：如果不答应请求，会产生怎样可怕的后果。有人会生气，有人会憎恨。有人会丢掉工作，有人会一蹶不振。注意你的想法，问问自己这个故事是不是真的。它很可能是第2章中那些永远不会成真的"可怕故事"。

这些拒绝让我不得不道歉，而长期道歉可能会让生活变得一团糟。我认识的许多女性都会为自己的身份道歉，她们会在表达完自己的观点后说："对不起，但我就是这样的人。"过去，当我说出人们不喜欢的真相时，我也常常说这句话。许多女性会为自己的信仰、梦想、抱负，以及别人不认同的事情道歉。但当你道歉时，完全是出于恐惧，而不是发自内心。想想看，道歉分为两种：

1. 第一种来自你的内心，当你对自己的言行感到懊悔、希望得到他人的原谅时。这时你在为自己负责，这是一种对自己的爱，对自己的认可。

2. 第二种是源于恐惧：害怕别人生气，害怕别人不喜欢自己，害怕自己不能让他人高兴。这样一来，你是在削弱自己的力量。

长期的、基于恐惧的道歉会在你的心里扎根。这可能是你觉得自己不够好的一个信号，从中能透露出很多与你的自尊和自信有关的信息。更可悲的是，长期道歉会让你变得越来越自卑。

如果你是这样的人，不妨试试下列方法，让自己摆脱这个不停道歉的意识：

·保持清醒。一切从这里开始，姐妹们。每当你说"对不起"的时候，都要记下来，看看是在什么情况下说的，看看它在你的日常对话中是不是和"虚词"一样频繁出现？

·当你发现自己要说"对不起"时，赶快停下来，问问自己，那一刻你是否真的感到后悔？是否感到尴尬、困惑、内疚、沮丧？是否需要得到别人的肯定？是否能弄清楚自己的真实感受？如果能的话，请处理好情绪，不要道歉。

·最后一点，如果你还没有准备好表达自己的真实感受，不妨来一段心语,要么对自己小声低喃,要么大声说出来。如果你说的不是"我很对不起",而是"我很……厉害!""我很……棒!"结果又会怎样?当然,人们可能会把你当成"疯子",但这种练习非常有用。

如果你在这几件事上下功夫,我保证,你会看到一个更加真实的自己。最真实的自己无须取悦别人,无须不停地道歉。强化这种练习,你会发现,你对自己的感觉彻底发生了改变。

第8章

糟糕的关系是人生重要的一课

如果你被欺骗,没有得到尊重,或者遭到言语、身体上的攻击……记住,无论你糟糕的关系中存在什么问题,你都可以忘记过去,继续前行;都可以从中吸取教训,成为一个更好的人,成为下一段关系中的理想伴侣。我在第一次婚姻中被"劈腿"了(我管他叫"骗子甲")。离婚后不久,我开始约会。为什么这么快?总的来说,因为我很伤心,很脆弱,是的,还有点绝望。

一开始,我遇到了一些很好的人,但我不想和他们有任何瓜葛。后来我找到了一个和我处于同样状态的人:他心碎、脆弱、绝望(我称他为"骗子乙")。我们是天生的一对。但是,交往了几个月之后,他背叛了我。我记得,当我发现真相时,我倒在卧室的地板上彻底崩溃了。我感到天旋地转,我不停地重复道:"我不敢相信同样的事情又发生了!我不敢相信同样的事情又发生了……"

在连续两次被"劈腿"后,我知道我的生活出了问题。是的,被"劈腿"是终极的背叛。但是,当这种事情连续两次发生在我身上时,我被迫长时间地认真审视自己,审视自己的选择,审视自己正在容忍的东西,以及自己学到的东西。

如果你也有类似的经历,那可真是糟透了。然而,不管你已经摆脱了这段关系,还是仍然深陷其中,坐下来,反思一下你所学到的东西,这对你认识自己和你的自我成长都会有很大帮助。以下是我学到的:

· 如果你被骗了,那不是你的问题。和我在一起的人在外面鬼混不是我的错,而是他的问题,是他缺乏安全感。"劈腿"的人永远不会有健全的头脑或完整的自我。很多时候,我们会问:"你怎么能这样对待我?"但这真的不关我们的事。现在,不要再因为你的心碎而责怪别人,但也不要因为这个而责怪自己。

· 对方提出分手并不意味着你不够漂亮,不够苗条,或床上功夫不好。我度过了无数个失眠的夜晚,纠结于一些自己臆想的问题:如果我的胸更大一点呢?她是不是比我更漂亮?更风趣?如此这般,直到我的头炸了。关键是,这些没有明确的答案。而为了找到答案,你可能会把自己逼疯,但这真的不是你的问题。你真的很棒。

· 对方提出分手并不意味着你在人际关系上的表现很"糟

糕"。在我和骗子乙分手之后，我确信自己是世界上最差劲的伴侣。我发誓终身不嫁。我甚至考虑去修道院，做一名修女。但接下来对骗子乙的分析让我意识到，我其实很擅长处理人际关系，只是不太擅长挑选合适的伴侣。这让我想到……

·你需要想一想为什么自己会选择某类人做伴侣。尽管我知道他不适合我，但我还是选择了维持这段感情，嫁给了骗子甲。当我内心深处知道我需要先解决自己的问题时，我选择了和骗子乙开始一段新的关系。诚然，我不知道他会欺骗我，但我知道他也不适合我。是的，我选择了他们两个，选择了留下，我必须为此负责。在经历了骗子甲之后，我变得一团糟。可我完全相信，骗子乙知道我就是他要找的那种人：我是一个容易被操纵的人，会很快"坠入爱河"，且愿意坚持到底。"物以类聚"，"一团糟"的我只能吸引到"一团糟"的人。

·分手是一件需要哀悼和忘却的大事。把分手、这段关系以及你的伴侣分开来看。我发现，被"劈腿"是真的非常痛苦，且充满了戏剧性——怀疑、谎言、争吵、发现真相的那一刻。这是一件大事。我不得不接受这一痛苦的事实，哀悼它，将它与感情破裂分开来看。从某种程度上来讲，有时想起这件事来还是很痛苦的。但没关系，这并不意味着什么。痛并不意味着我想念这段关系，想念那个骗子。它只是很痛、很难受而已。

·频繁的糟糕关系可能表明你不知道正常的、正向的、健康的关系是什么样的。这件事让我震惊,也可能让你震惊。当我遇到我现在的丈夫时,我不得不跑回我的治疗师那里。我告诉她,我知道我们的关系很好,但是我感到太无聊了。她告诉我,我过去的关系充满了戏剧性和紧张感,而现在的我正处于一段正常的、健康的关系当中,所以我才会手足无措。因此,我开始学习健康的交流方式。原来健康的关系有时是平静的、平淡无奇的。可是,以前谁知道呢?

·糟糕的分手可能会让你相信自己的直觉。朋友们,这就是最大的教训。在我与骗子甲和骗子乙的关系中,我忽略了自己的直觉。有几次,我的直觉对我闪着红灯,鸣着警笛,而我却视而不见,听而不闻。我宁愿有一段糟糕的感情,也不愿没有感情。我对自己的处境感到羞愧。只要我和他待在一起,就没人知道情况究竟有多糟。我的直觉从未离开过我。它一次一次地帮助我,从未放弃。直到我终于无法忍受,选择了离开。如果我早点倾听自己的直觉,就不会这么痛心了。练习第6章里的内容,可以让自己成为一个专家级的直觉信任者。

我很理解,当你处于一段不健康的关系中时(无论你是深陷其中,还是刚刚结束)是很难觉得生活会变好的。如果我告诉你它会变好,你一定会觉得我在开玩笑。但是,请相信我,通过努力工作和自我分析，你会走出这个痛苦的时期而成为一个更好的人。我从糟糕的人际关系中学到了很多东西，为此我永远心存感激。我一点都不后悔，不后悔成为今天的自己。

第9章
找到通往平静生活的路径

  非凡生活的一个要素就是知道如何让自己快乐。这对很多女性来说并不容易，因为我们生活在自我怀疑的迷雾中，不知道自己到底想要什么。做出正确的选择（参见第1章）并不容易。有时候，我们更容易抓住负面情绪，比如愤怒、尴尬或悲伤，因为我们习惯经历这些。

  举例来说，一天晚上，我坐在心理医生的办公室里。那是我婚姻破裂后的一两个星期。即将成为我前夫的丈夫一直在对每一个愿意听的人（包括他的家人）说着关于我的谎言。而在过去的十三年里，他的这些家人也是我的家人。我非常愤怒，我吓坏了，我想掐死他。说我"生气"简直是太轻描淡写了。

  我在心理医生的办公室里，跟她说我很恨他。我无法在那些人面前为自己辩护，这是多么不公平。我的名声被玷污了，而我却无能为力。我跟她提起洗刷自己"罪名"的所有计划，包括给我认识的所有人发电子邮件，把大家召集起来，把事情讲清楚。如果这些仍然无法奏效，我会一个接一个地给他们打电话，逐一解释。对我来说，这一切既合理，又正确。

她问我想从这一切当中得到什么。我告诉她，我想让大家知道真相，知道他的那些话都是错误的，而我才是正确的。

她说："当然，这些事情你都可以去做，不过……你究竟想要'正确'，还是想要'自由'？"

我记得我被她的话惊呆了。被她和她的那些"健康"的生活方式惊呆了。不过，她是对的。我必须找到通往平静生活的路径。

我第一次意识到，我可以选择自由，选择平静。我第一次意识到，我可以控制我的感觉和情绪。我第一次意识到，按照我的冲动行事，只会给自己的生活带来更多的负面情绪、更多的戏剧性事件和更多的混乱。我累了。

所以，我放手了，我选择了自由与平静。这是我做过的最艰难的抉择之一，尤其是在那个时候，在我一筹莫展的时候。在这种情况下创造出来的最后的平静也意味着我需要原谅他。

当然，当天我并没有原谅他，只是播下了原谅的种子。有一段时间，我内心的一部分想复仇，想让他受苦，想让他对他的所作所为付出代价。

但是，我内心的另一部分却想要自由，想要从我给自己带来的痛苦中解脱出来，从不确定的未来中解脱出来，从与他在一起时的自我中解脱出来，从自我创造的枷锁中解脱出来，从坚持"一切都会有所不同"的观念中解脱出来。

是的,我的境况很糟,我的婚姻结束了,我第一次独守空房。对此,我无能为力。如果你的境况也很糟糕,你也感到愤怒或悲伤,那你可能会像我一样,想对愤怒和悲伤采取行动。此时,不妨问问自己,这些行为的结果是什么?是把你从消极情绪中解放出来,还是制造出更多的消极情绪?

憎恨前夫并没有改变我的处境,为自己辩解并不会让时间倒流,也无法改变事情的经过。憎恨他只会让我更加痛苦。据我所知,他根本不在乎我的死活,所以我必须做出选择……

答对了,我必须做出选择。

我选择了平静。

我花了好几个月的时间才原谅了他。我不需要他来求我,但我还是原谅了。有一天,在他工作场所附近的一个红灯前,我坐在车里,大声对自己说:"我不恨你了。我原谅你了。"

这比我想象的要容易得多。有那么几次,当我想起他和我之间发生的事情时,我开始退缩了,痛苦在心中升腾。这时,我只是简单地提醒自己,我不想再有这样的感觉了。

当你发现或感觉你在跟自己较劲时,不妨问问自己如何才能获得平静。如果你正在为一项决定而苦恼,不妨问问自己:如何才能让这个决定变得更加容易?或者,应该舍弃哪些东西才能使事情变得不那么艰难?很多时候,方法就在我们的眼皮底下,但我们往往被过于强烈的自尊困住,看不到其他选择。

请记住，我们无法控制任何人（见第23章）。所以，即使选择平静意味着放下争斗，放下金钱，放下"胜利"，也要去做。只要你的生活平静安逸，你就永远是赢家，永远是富有的，永远是快乐的。

第10章
忘记前任

我第一次被甩是在14岁。他是我的第一个男朋友,在约会了大约半年之后,有一天,他送我去教室,递给我一张字条。数学课上,当我读到"我觉得我们只是牵牵手的好朋友"时,泪水顺着我的脸颊流了下来。换句话说,第一个男朋友甩了我,因为我不让他碰我。

第二次被甩时,我16岁,我们约会了整整一年。他甩我的理由是"想腾出时间和朋友在一起"。后来我发现,他实际上是想和一个一直和他暧昧的可爱的新生约会。

后来,在我30岁的时候,我的丈夫甩了我。因此可以说,像大多女性一样,我在被甩这方面还是有一定的经验的。

在过去的几年里,我收到了许许多多来自世界各地女性的电子邮件,倾诉着她们对某个抛弃她们的男人的心声。她们告诉我自己为那个家伙所做的一切,现在如何伤心。邮件的结尾大都是"请帮帮我，我该怎么办？"

虽然每个人的情况都不一样，但是我还是列出了一些我学到的东西。在我自己的疗伤之旅中，我犯了一些错误，延长了整个过程。但是，这些是我一路走来学到的最重要的东西，希望它们能帮助你避免类似的错误。

不要关注他

仅仅在脸书上删了他或屏蔽他是不够的，不要在网上搜索与他有关的信息，不要开车经过他家门口，不要给他发送无谓的"问候短信"，不要让朋友告诉他你一直在想他，什么都不要做。不要跟踪，不要尾随，不要去打招呼。不要假装你是他的朋友。想想我们平时都和朋友一起做什么。我们在一起说知心话，谈论目前约会的对象……你真的想和你的前任做这些事吗？你想听听他钟情于婚恋网站上的哪个女孩吗？扪心自问一下，如果说你对他完全没有情感依恋，而且一点也不心痛，那么请自便吧。但我想，事实并非如此。

诚然，完全避开他会很难。你可能会控制不住自己，但下次请更加努力。试想一下：你这样感觉好吗？它有助于你痊愈吗？有助于他和你言归于好吗？事实上，越是这样，你对自己和自己的处境感觉越糟。这是你想要的吗？记住，这是你的选择。

给自己足够的时间去悲伤

在前夫甩了我的痛苦散去之后,我重新振作了起来,找到了快速疗伤的方法。我接受心理治疗,阅读书籍,加入互援团,去做离婚期间所有应该做的事情。每当听到人们说起"时间是疗伤的唯一方式"时,我恨不得狠狠地"揍"他们一顿。我无法控制时间,所以我希望这个说法彻底"死掉"。我很快完成了康复过程。我庆祝自己经历的每一个时期,因为对我来说这意味着我变得更好了。

后来,有一天晚上,我做了一个梦,梦见我们仍然是夫妻,而且很幸福。我再次陷入困境。我很愤怒,因为我觉得我失败了,我无法停止想他。我哭了,疯狂地打电话给我的治疗师。"这究竟是怎么回事?!"我问她。她非常平静地跟我说:"还记得我当初跟你说的话吗?悲伤是一个漫长的过程,会反反复复,可能会持续很多年。"这绝对不是我想听到的。

不过,渐渐地我向自己投降了。不是一下子投降的,而是慢慢投降的。事实上,我感觉大部分的自己已经死掉了。那是婚姻的死亡。我不是超人,无法控制悲伤。我不能加快时间,尽管我尽力了。我相信,当我把这一切都放下时,事情会变得简单很多。

让自己忙起来

分手后,如果一个人待着,感到无聊,那么思想就会走神。我们会觉得自己是受害者,会感到沮丧,会想办法让他回来,会着手策划报复或搞一些不健康的恶作剧。解决问题最好的办法就是拿出日历,一页一页将其填满。打电话给你一直想联系的人,尝试你一直想做的运动,做你从未做过的饭菜,去做志愿者,等等,跟着你的心行动。

此外,制订未来的计划与目标,并且将其分解成可以操作的步骤,然后一步一步地落实。列出自己"想做的事情",也就是你和他在一起时无法去做的事情。这是你随心所欲的大好机会。

把这段经历当成一种馈赠

这也许是你听过的最愚蠢的事情,尤其是在你深陷痛苦无法自拔的时候。但是,请听我说完。视角的改变可以创造奇迹。如果你能列出从这段感情中学到的东西呢?你可能会想:我学到了他是个大浑蛋。确实。但是,我希望你能把目光集中在自己身上,并问问自己:

- 你了解自己多少?

· 你从恋人关系中学到了什么？

· 你现在知道了哪些东西是能够容忍的、哪些是不能容忍的吗？

· 你想拥有怎样的环境、感情、想法或信念？

如果你满脑子想的都是自己的不好，那么每列一条自己的不好后，都请问问自己："真的是这样吗？"比方说，如果你从中得出的结论是"自己不擅长谈情说爱"，那么请问问自己："我百分之百确定吗？"我的意思是，要用批判的眼光看待每一段经历，从中吸取教训，让自己变得更好。

不要让前任欺骗你

你的前任可能会向你发出混乱的信号，或者说，他对自己究竟想要什么可能不是十分清楚。就这样，你的心脏一直悬在半空中。你的前任可能拿不定主意。但是，如果在他犹豫不决是否要和你在一起时，你一直黏在他的身边，那么他的自尊心一定会非常膨胀。他可能擅长给你一线希望，说迟早会和你在一起，但与此同时，你的心却受到虐待，受到忽视，得不到尊重。离开他吧，真正爱你的人不会这样对你。这是彻头彻尾的原则问题。选择最适合你的方式，而不是最适合他的方式。

不要和前任上床

有的女人分手后仍然和前任睡在一起，想以此让他回心转意。对此，我真的无法理解。事实上，他和你上床只是因为你上赶着去找他，而不是因为他想复合。我不管你在闺房里祭出怎样的大招，他只是为了性而性。你得到的是困惑、幻觉、情绪混乱，也许还有性病，因为他可能同时在和其他女人约会。

接受这样一个事实：你可能永远不会彻底忘记

大多数人永远不可能彻底忘记过去，仿佛那是他们心上的疤痕组织。尽管大体上愈合了，也会残留着一些刺痛。但是，这不一定意味着什么，不一定意味着你还想和前任在一起，不一定意味着你对那个人还有感情。这只意味着你是一个有血有肉的人，你对这个人在情感上有着某种程度的依恋。这很正常。

重要的是，你如何对待这些想法。如果你对前任的想法让你陷入悲伤，如果你认为自己的所作所为是导致分手的原因并因此憎恨自己，那就很危险了（见第9章）。但是，如果你仍然会想起这个人，并因此产生一丝心痛，在我看来，这是很正常的。

允许自己独处（你准备好了吗？）

如果你是那种从一段感情到另一段感情无缝衔接的人，那请你听好了：好好想想，为什么你似乎总是处在情爱之中。就我而言，我承认自己是一个离了爱活不了的人（可以说是真正的上瘾，而不是流行歌曲里随便唱唱的那种感情）。你可能跟我不一样，但是不妨也思考一下。这基本上意味着你对爱情上瘾，对对方上瘾，对恋爱的感觉上瘾。那些离了爱活不了的人实际上可以从中获得快感，因为爱情是他们首选的"毒品"。

个人自主性对于健康的恋爱关系是必不可少的。如果你的恋爱一直不顺，也许你该考虑独处一段时间了。在没有亲密关系的情况下去了解自己，去发现你自己对恋爱、生活和未来究竟有何期待。你是为恋爱而恋爱，还是因为觉得一个人很难？这方面，我是过来人。问题是，你会用尽一生的时间去寻找你的"真命天子"，试图让不幸的关系恢复正常，揪着头发想知道你们二人到底出了什么问题。答案是，谁都没有错。如果你觉得自己有错，那是因为你还不了解自己。

分手很糟糕，但这是没有办法的事情。自怨自艾和自暴自弃于事无补。把自己放在首位，想想自己在恋爱关系之外真正想要的是什么，会让你快速走上自我完善之路。

第11章

接受你会后悔的事实

我们经常听到这种说法："不要带着遗憾过一辈子！"作为一名人生导师，我觉得我也有义务宣传这一点。后悔是一种十分痛苦且失落的感觉，因为我们无法回到过去，推翻一切。回想起来，过去的许多决定的确并非最好的选择。

我总是告诉人们，如果你从中吸取了某种教训，就算不上遗憾。就拿一段已经结束的感情或一桩破裂的婚姻来说吧。你内心深处可能会感到痛苦和愤怒，你可能会觉得那些年月都虚度了。坦率地说，你可能会对过去的岁月感到懊恼，并希望时光能够倒流。但是，在现实生活中，我敢肯定你已经从中学到了很多东西。如果真是这样，那就一点也不需要后悔。

不过说起来容易做起来难。有时候，当我听到"不要带着遗憾过一辈子"时，还是会有些惊慌失措，因为我确实有遗憾，可能每个人都有。

婚姻破裂后，我遇到了一个男人。那绝对不是一段健康的关系，然而我却认为那正是我想要的。当时，我已经回到学校，去完成我的学士学位，并打算在澳洲度过一个学期。此前，我一直想去澳洲看看，这是一个完美的机会。我没有结婚，没有孩子，什么拖累也没有。我觉得这是一生中难得的一次旅行。我准备好了注册所需的所有资料，而且我的学生贷款也足以支付我在澳洲期间的所有费用。

但是，他不让我去。所以最终，我还是没去。

直到今天，我都在后悔当初的决定。我真的该去澳洲，真的该跟着自己的心走。我不应该因为他而放弃了那次旅行——可是我放弃了。既然时空之旅只是一个梦想，那么我也无力改变过去。当然，将来我还可以去澳洲旅行，可是再也回不到从前了。一想到自己一直在追求没有遗憾的人生，我便因为这个遗憾感到十分难过。

我相信你至少也有一个遗憾：一次错过的机会，或者是一个无法收回的决定。也许你已经拟好了一份完整的清单。如果真是这样，这里有一些方法，希望能帮助你渡过难关，不再遗憾。

- 悲伤吧。你的遗憾也许是没能在某人去世之前告诉他一些非常重要的事情，也许是你错过了一个现在看来非常难得的工作机会。也就是说，这是一个不小的问题。那就花点时间去悲伤吧，把疯狂、悲伤、沮丧和遗憾的情绪统统发泄出来吧。

- 吸取教训。不管喜欢与否，我们都会从困境中学到一些东西。就我而言,我明白了自己的直觉是正确的,取悦别人永远不是正道。你可能会从后悔中学到同样的东西,或者干脆来一句"我再也不会做那种事了"。无论如何,能从中吸取教训是再好不过的事情了。

• 与自己和平相处。你可能还在为自己的选择而自责。你可能会想:"我太笨了!""真不敢相信我会那么做!"你已经知道,过去无法改变,过去做的决定也无法改变。你能改变的只有想办法说服自己,坦荡地和他人谈及此事。不要再因为过去的事责备自己了。

• 原谅自己,接受结果永远不会改变这一事实。在第34章中,我谈到如何原谅自己过去的错误。这一点非常重要。如果无法迈过这道坎儿,不妨问问自己:遗憾究竟有什么用?你会因此对未来得出结论吗?你是否因此给自己贴上了各种各样的标签(失败者、怪人、糟糕的决策者等)?

请记住,大多数人在生命结束时都会有遗憾。假装没有遗憾是没有用的。总有一天,你会大大方方地承认自己的确有遗憾。你生活中的一切,甚至是你的遗憾,都在某种程度上塑造了你。至于究竟把自己塑造成怎样的一个人,决定权完全在你手里。

第12章

不要在乎别人的看法

　　如果有人当着你的面胡说八道，或者你间接听到有人诋毁你时，你受伤，乃至愤怒，是再正常不过的事了。当你听说有人不喜欢你，当别人因为你做了什么（或没做什么）而对你评头论足，你大概会觉得自己是个废物。有点痛，对吧？当然，也可能很痛。

　　想要得到别人的肯定是完全正常的，也是合情合理的。当有人评判我们或批评我们时，我们可能会觉得自己被否定了，这种情况一般会很难接受。于是，我们内心深处便想纠正这种情况。得到肯定意味着得到别人的爱。但是，如果觉得自己不是群体中的一员，如果觉得自己"做错"了什么或"说错"了什么，那么这种感觉会让我们觉得自己遭到排斥，会导致我们的情绪迅速低落。

　　我要再说一遍，所有这些感觉都是十分正常的。但是，管理自己的情绪，的确还有一种更为健康的方式。

　　想想你评判别人的时候。我相信你最近也这样做过，我们都以这样或那样的方式做过。假设你看到这样一则新闻：一位年轻的母亲，因为自己不称职，孩子被人带走了（比如，她一个人出去参加派对，却把孩子单独留在家里）。

你的想法可能是："如果她在十几岁时就做出不负责任的性行为决定，那么她应该采取避孕措施。""她应该把孩子交给一个更负责任的想要孩子的家庭。""她怎么会这么蠢呢？她的父母在哪儿呢？"

你认为她不负责任、愚蠢透顶，这是你对她的评判。你很可能在害怕，将来的某一天，你的未成年女儿或你家庭中的某个成员也会做出类似的决定。你的判断基于你的观点，你的想法，还有你的恐惧。

你无意中把自己拉了进来。你认为自己是在谈论她，实际上，这是你对她这一"错误"决定的反应。是的，这是你自己对这件事情的反应。

现在，再来说说你吧。

假设有人说了你的坏话，或者你发现有人不喜欢你。如果你能肯定他的话与你无关呢？如果你知道别人对你的负面想法只是他们对自己价值的判断呢？比如，你朋友的配偶不喜欢你，也许他认为你太直率了。在这种情况下，我敢肯定，那个人对具有领导素质的女性抱有偏见。正是因为他对自己没有安全感，才会对你的性格感到不适，才会不喜欢你。所以，这是他的问题。

别人对你的负面想法只是他们对自己价值的判断。

想想这些会给你带来什么。实际上，你本可以成为那种不在乎别人看法的人。但那些评判你的人不是虚构出来的，他们是客观存在的，而你很可能也会成为其中的一员。

现在回到本章开始提到的那个假想的人，他说了你的坏话。你听到以后会有什么感觉？痛苦？悲伤？愤怒？困惑？

事实上，别人对你的感受与你无关，或者说，与你的自我价值或个人身份无关。我的朋友兼同事布鲁克·卡斯蒂略对此解释得非常到位。她说，别人的看法只是别人的看法，无论他们怎么看，你还是原来的你。如果别人对你的看法是正确的，那么，他们每个人的看法都应该是一样的，因为你依旧是那个不变的你。她还说，自己的看法才是最重要的、最需要被关注的。如果你对此仍然无法理解，那么，我们不妨换个角度来看。这好比说，你亲手把批判你的权力交给了别人，而且是唯唯诺诺、毕恭毕敬，就好像它本来就属于他们似的。实际上，并非如此。

我最好的朋友兼同事艾米·史密斯打过这样一个比方。每当提到这个话题时，我都会很自然地想起来。她说："如果有人抱着一堆垃圾给你，你会要吗？你可能会说'不用，谢谢。那是你的垃圾，我不想要。'听上去差不多吧？你说呢？"

如果你以同样的方式看待别人的观点、判断和批评，会怎么样呢？那是他的垃圾，要不要是你自己的事情。

答案是，不要！

第13章

弄清哪些是"不可妥协的事情"

不可妥协的事情,指的是那些一旦失去会感到失落、不平衡、不满足和不快乐的具体的事情。这些事情对你来说是十分神圣的。比如,你早上喜欢喝咖啡。如果咖啡出了问题,你没有喝上,那你就会一整天都坐立难安。若真如此,晨间咖啡对你来说便是不可妥协的事情。这些都与你所珍视的价值观息息相关(见第4章),而它们又是日常生活中离不开的东西。

不可妥协的事情为何如此重要?请问,我们在此的目的是什么?是为了弄清楚你到底是谁,以及哪些东西能让你成为最好的自己,对吧?如果你已经成了最好的自己,并且尊重自己,那么别人也会理解你,也会尊重你。

让我说得再清楚一些吧。

1. 你知道哪些东西能让你快乐。

2. 你会做让自己快乐的事情。

3. 你身边的人看到了这一点，也会为你做同样的事情。

4. 你身边的人越来越尊重你和你的生活。

5. 你的世界因此变得更加美好。

如果你不清楚哪些是不可妥协的事情，那么如何去发现呢？没关系，不知道也不要难过。你可能一直在东奔西走，忙着照顾别人。这里有几个问题供你深思（换句话说，要用你的心而不是你的头脑来思考）。

- 什么让你觉得充满活力？让你活出了自己？
- 什么失去之后让你感到难过？
- 当你无法按计划行事，因为计划被迫中断而感到愤怒或恼怒时，你会做什么？

如果你在读完这些问题、在试图回答之后仍然毫无头绪，那就让我们倒回去一点。回到第4章，看看你的价值观列表（这是你所列出的对你，以及对你的生活方式来说真正重要的事情）。在那一章里，我让你给每一项打分。找到得分最高的价值观，也就是对你来说最为重要的并且你每天都会践行的价值观。假设你给"环境"打了9分，这也许意味着你喜欢自己居住的小区，或者你的卧室完全是按照自己喜欢的方式装修的。对你来说，一个不可妥协的行为是，你每天都在这样的环境里生活。这不必是一个宏大的、特殊的价值观，而完全可以是像这样一个小小的习惯。谁知道呢？你最近紧张兮兮的原因，也许是因为一个你认为值得尊重的价值观没有得到践行。当你优先考虑它的时候，它会像一个久违的爱人回到家里一样令你开心。

你的一些不可妥协的事情所对应的价值观得分可能并不高。所以，不妨也好好看看。也许你可以做一些小事来提高这些价值观的分数。

例如，目前，我的不可妥协的事情是：

・锻炼（通常是独自跑步）

・晨间咖啡

・每周坚持写作

请注意，这个单子里并没有包括其他人。如果你的"不可妥协的事情"里包括了其他人，也没关系。但是，请加倍小心，因为你不能太依赖他人。我知道很多人的清单上都有家人和朋友。我的清单上没有我的孩子或丈夫，这并不意味着我不喜欢和他们在一起，只是这些"不可妥协的事情"应该只与自己有关。把这些事情放在首位并不是自私或以自我为中心的表现。

你的三件不可妥协的事情需要在你的生活中经常发生（没有任何阻止它们发生的理由）。

这就是选择。坚守那些最为重要的不可妥协的事情,这可能意味着要对孩子学校或所在教堂的额外工作说"不"。如果很难安排,不妨把它们安排到你的日常生活当中,就像它们是非常重要的约会一样。比如,做妇科检查或去学校接孩子。当然,我敢肯定,你的那些不可妥协的事情一定比做妇科检查有趣多了。

不可妥协的事情有时会随着时间的推移而发生变化,甚至每周都可能发生改变。即使如此也没关系,如果它们变得不那么重要了,那就随它们去吧。

第14章
闭嘴倾听

你是不是没听清我刚才在说什么?

人类的大脑可能太聪明了。

我并不是在指责你,觉得你是那种永远不会认真倾听的人(如果是的话,那可能就是你的朋友全都拒绝你的原因)。我只是想提醒大家,从根本上说,我们都想从别人那里得到一件非常重要的东西:

关注与倾听。

我对这种情况十分熟悉,因为我曾经是"辩论大王"。不仅如此,争论时,我几乎听不到对方在说什么。我忙着证明自己是对的,忙着赢,忙着想出最幽默、最讽刺的回答。结果,我没有时间去听,也根本听不到对方在说什么。

我想读者中可能有人和我一样。那就让我们一起努力,去实现有效、健康的沟通吧。这一切都要从认真倾听开始。

我不想做一个令人讨厌的人，也不想让大家成为这样的人。我们生活在一个快节奏的时代，一切都像一场竞赛。但是，人类彼此之间的联系、交流和对话不应该如此。

这些年来，我终于明白了一件事情：如果你真的想表明你在乎一个人，你真的在乎他嘴里说出来的无论什么话，那就认真地倾听。在回复之前，请先按下暂停键。

倾听表明你尊重对方，这一点能体现在你们的关系中。想想你因为没有认真倾听你所关爱的人的言语而错过了什么。以下是一些可以遵循的步骤：

1. 与人交谈时，如果你发现自己的思绪飘到了太空、杂货店、塔希提岛或其他任何地方，请赶快收回来。

2. 如果你们看法不同，你可能会在对方说话（或喊叫）时在心里默默地排练着反击的言辞。千万不要这样。相反，把心收回来，认真倾听。花一两秒钟的时间，在你的脑海里回放他刚才所说的话，或者请他重复一遍。是的，再听一次，即使你认为这是你听过的最愚蠢的事情。我知道这很难，不过一定要好好练习。

3. 接下来，练习"反思性倾听"。比如，有人跟你说了什么，可能是一个问题，一个议题，也可能是任何事情。等他讲完以后，跟他说说你所听到的内容。不要逐字逐句地重复（因为那只会让他生气），而是要用你自己的语言告诉他你听到了什么。你可以这样开头:"我听到的是,你对我感到失望,因为你觉得我……"

如果你没有认真倾听别人的话语,那么你的论点不过是满天飞舞的文字符号。我们都知道,空中的污染物已经够多的了。认真倾听能很好地表达你对对方的关爱。每个人都希望如此,对吧?

最后一个沟通技巧,就是主动问问对方真正想要的是什么。我们中的许多人,为了同样的事情反复争吵,却不知道自己真正想要什么。我们在不停地争吵,而争吵的内容却并非我们想要得到的东西。我们争论的都是一些题外的东西。因此,结果往往事与愿违。

下一次,问问自己真正想要什么,并努力得到它。当我和丈夫出现分歧时,我发现,自己有时只是在一味地责备,只是试图证明自己是对的,而我真正想从他那里得到的,只是他能帮我做一些事情,或者只是一个简单的拥抱。然而,试图证明自己是对的让我偏离了方向,争论的焦点并非我想得到的东西。

所以,总而言之:

- 在决定接下来要说什么之前,先停下来,认真倾听。
- 用自己的话来重述你刚刚听到的内容。
- 以清晰得体的方式询问对方到底想要什么。
- 不要忘记坚守自我。

第15章

多点乐子

当你听到"多点乐子"这句话时,会想到什么?你会认为娱乐是幼稚的、不关心他人的、不负责任的吗?你会认为自己太忙没有时间享乐吗?"我真的没时间。找乐子纯粹是浪费时间,我要做的事情太多了。"

你的生活里真的没有娱乐吗?你真的不想乐一乐吗?

之所以写这一章,是因为你被生活淹没了。以下这些情况都清楚地表明,现在到了你"振作起来、开怀大笑、尽情享受生活"的时候了:

·当你关注的事变得越来越单一,你的待办事项清单仿佛你生活中的一切时;

·当你觉得某件事非常重要,而等你坐下来认真思考,又觉得不那么重要时;

· 当你满脑子都是"真希望多点乐子"时。

（我并不是说，当你感到痛苦绝望时要赶快去看看那些搞笑的视频，或者拿自己的处境开开玩笑。绝对不是！恰恰相反，在这种时候，你应该尊重自己的感受。）

在此，我无须给你提供科学的统计数据，来说明快乐的人往往更加健康，更加美丽。我敢肯定，你已经知道，娱乐能让你感到快乐和自由。无论是不苟言笑、沉默寡言的投资银行家，还是偶尔肠道有问题的图书馆管理员（无意冒犯），享乐是人的天性，包括你自己。

当我们说起生活，尤其是个人发展的问题时，会变得非常严肃。当遇到十分复杂、难以解决的问题时，我们往往只能依靠自己，尽管这一过程会伴随着泪水。相信我，这一点我深有体会。在我看来，如果你有一段时间没有遇到问题，就等于没有真正的生活。与此同时，如果你太执着于不让自己和自己的生活出现问题，那么日子又会变得过于严肃。千万不要让严肃的学习和艰苦的努力将你引入困境。开心一点！开心能让你远离眼前的问题，也许还能让你对这个问题有全新的看法。它会提醒你什么是正确的。你可以在五分钟内或五小时内放飞自我，玩得开心。

如果你不知道生活中是否需要更多的乐趣，那就从这里开始吧，回答下列问题：

· 按1到10分来算，一般而言，你给自己的快乐打多少分？

· 你认为自己会在生命的尽头说"真希望这一辈子再过得快乐些"吗？

· 你羡慕玩得开心的人吗？

你对上述问题的回答能很好地说明你的"快乐指数"。

所以，问问自己：你觉得快乐是什么？

这本身就是一个严肃的话题。我在这里不想给你列举一大串好玩的东西，因为快乐的概念千差万别、因人而异。

请记住，对别人来说有趣的事情对你来说未必如此。好好想想自己感兴趣的事情，好好关注自己"该做"的事情。开心，不是为了讨好别人，而是为了取悦自己。如果有人不理解你的快乐，或者认为你的行为很奇怪，那也没关系。毕竟，那是你的快乐，与他人无关。

对某些人来说，快乐是后天习得的。换句话说，他们需要好好钻研、好好练习，等自己熟悉了，才会认为真的有趣。对另一些人来说，他们可能一开始就觉得某些事情非常有趣。然而，久而久之，他们失去了兴趣，便不再觉得有趣了。这两种情况都没有错。重点是，要找到自己的乐趣，要开开心心，好好享受。

第16章

甩掉那些你不再喜欢的朋友

在心里或纸上列出你最喜欢的五个朋友。在那些你觉得是"双向奔赴"的人（即相互尊重、相互支持、同等重要的人）旁边打上星号。

是的，这有点像"珍妮是我最好的朋友，坎迪斯排第二"的游戏。不用担心。他们不会知道自己的得分。

现在，看看那些名字旁边没有星号的人。他们是谁？他们为什么会出现在你的名单上？

原因可能各不相同。要么你们从一年级开始就是朋友，离开他你觉得有点不舍；要么这个人帮你度过了一段非常艰难的时光，你"欠"他一个人情，所以把他留了下来。

首先，如今的你不再玩跳房子了，也不再穿1982年的衣服了。那么，你为什么还要延续这段友谊呢？或许你们两个都有同感，只是需要其中一人拿出勇气，然后你们一拍两散。其次，你不"欠"

谁什么。只要你当时谢过了这个朋友，就足够了。

假设你有一辆破旧的老车，故障频出。尽管你有能力去买一辆新车，但这辆车已经开了十五年了，它伴你度过了风风雨雨，因为念旧，你把它留在了身边。另一个原因是，买车本身是一件麻烦的事情。尽管如此，如果它经常在路边抛锚，你一定会十分明智地给自己买一辆新车，对吗？同样的事情也适用于友谊。你为什么还要和这个拖累你的人去买鞋，去喝拿铁？你完全没有理由再为这段友谊付出更多的时间和精力。

如果你在生命的尽头做一份清单，我敢肯定，你不愿意看到这样的内容："2003—2017年：沉溺于空有虚名的友谊，浪费了2458个小时的生命。"这样真的非常气人，对吧？

你对这些人没有任何责任，你不能因为害怕伤害他们的感情而不肯放手。你永远不可能知道，也许此时的他们正在家里想着同样的事情。他们之所以不肯放手，同样是因为不想伤害你。

你心里很清楚友谊是否走到了尽头。事实上，随着生活的继续，我们在不断地改变和成长，如结婚、离婚、生子、换工作，等等。我们改变了，可是，友谊却没有跟上我们的脚步。这并不意味着谁有什么不好，或谁"更好"一点，谁"更差"一点，也不意味着主动结束关系的人就尖酸刻薄。这不必非要意味着什么，这只是一段关系的结束而已。往好处想，这段关系曾经存在过。这段友谊当初是很美好的，但现在它已经完成了自己的使命。双方现在可以腾出自己的时间，将额外的精力用于别的事情或别的人。

你可能在想"我该如何结束一段友谊？"结束一段友谊就像和伴侣分手一样困难。所以，如果你感到难过和不适，那是很正常的。不妨试试以下两种方法：

1. 一种方法是双方进行成熟的对话。然而，如果你们的关系比较特殊或十分脆弱，那么这一结束关系的对话可能不会十分顺利。因此，你要做好心理准备。对方可能会说你的坏话，在社交媒体上发布一些信息等等。尽管这很痛苦，但这足以证明这段友谊应该结束了。面对面的交谈总是最理想的，那样，个人的情绪可以得到清晰的表达。但是，如果你就想用电子邮件代替，那就用电子邮件吧。无论你打算如何告诉对方，请不要责备他，尽可能地去表达你的关爱和同情。

2. 另一种方式是让友谊自行消亡。不要再和他一起制订计划，也不要再推动关系继续下去，就让它慢慢消亡吧。你的朋友可能会（也可能不会）联系你，询问发生了什么。如果他真的联系你了，请把实情告诉他。

底线是：你认为正确的路，就是你应该走的路。如果你能在这种情况下保持正直，那么你已经以最好的方式结束了这段关系。

在这个世界上，你没有任何理由去容忍一段友谊（或其他关系），因为那样的关系并不能让你感到充实，不能给你力量，不能激励你，不能让你成为一个更好的人。一段令人不快的友谊，如果持续太久，从本质上讲，便成了生活垃圾，需要及时清理。

第17章

痛苦 = 智慧

每个人都有痛苦，每个人都经历过心碎。如果有能够治疗心碎的药丸，那么它会在黑市上以数千美元的价格被出售，制药公司也会想方设法拥有它，更不必说世界上的绝大多数人都会争相购买它。每个人都有一段痛苦的经历，即使它不至于将你打倒，至少会让你流泪。是的，每个人都有痛苦。但是，不同的人对待痛苦的方式不同。你可以选择屈膝投降，也可以选择重塑自我。

基本上，你有两种选择：

1. 深陷痛苦之中。
2. 吸取经验，增长智慧，继续前进。

在选项1中，你无法得到解脱。你拿到了一手烂牌，你的处境很痛苦，你选择原地踏步。先是顾影自怜，然后责备他人，最后，你仍然留在悲伤的故事里。这是你的命运,你的定数。呜呜。

在选项2中,你拿到的仍然是一手烂牌,你的处境依旧很痛苦。但不同的是,你会转换视角,对这一痛苦的经历进行反思。

那么,你有哪些痛苦的经历?哪件事情让你至今想起来或提起来仍会感到刺痛?你马上就知道答案了。帮助自己继续前进的最好方法是写下你从中吸取的教训。问自己一些与痛苦有关的、重要的、反思性的问题,并想方设法让它更好地为你服务。花几分钟把自己从故事中抽离出来,看看它究竟给你带来了什么。这并不意味着你不再痛苦了,这只是意味着你已经足够强大,可以把它当作成长的工具。

这里有一些从痛苦的经历中增长智慧的好例子:

也许你做了一个糟糕的决定。也许你和自己深爱的男人"意外"有了孩子,你希望这个孩子能有助于这段恋情的发展,令人震惊的是,他抛弃了孩子,离开了你。当然,你很伤心。你从中增长的智慧可能是:你意识到你需要审视自己当初为什么那么坚定地要把他留住;或者你意识到你确实需要独处一段时间,来决定你真正想要什么样的生活。

也许你爱的人去了另一个世界。他活着的时候教给了你什么?你想把他的哪些东西带进你的日常生活?

或者,有人对你做了什么可怕的事情。你对自己了解多少?有哪些东西是你不想再容忍的?

是的,我们都有过失败、心碎和情感上的痛苦,但这些并不能说明什么。没有人注定会失败，没有人注定会心碎。环境并不能决定你是谁、你的价值，或你的未来。

只有你能决定这一切。

如果你觉得很难弄清自己究竟从痛苦的经历中学到了什么，那么我很想知道：你为什么喜欢痛苦？为什么非要留在里面？不如换个角度看问题吧。

很快，你便不会这么痛苦了。

第18章
寻找你的热情

不知道有多少次听到女性跟我说，她们不知道自己对什么有热情，不知道自己的目标或人生使命是什么。谁能责怪她们呢？"人生使命"听起来实在是有点吓人！

我一直认为，让十六七岁的孩子选择大学专业——也就是自己终身从事的职业——是一个疯狂之举。我17岁那年，最想做的就是挑选一件很酷的紧身衣和一条与之相配的发带。这大概就是我那个年纪在想的事。我不会去想大学四年的学习目标，更不用说终身从事的职业了。我很羡慕那些有目标的同龄人，同时为自己的无知感到难过。很明显，这是我的问题。

一晃二十年过去了，我已经开始了我的第五个职业生涯。人们跟我说："你找到了自己的事业，真是太棒了。"老实说，这种"恭维"让我感到恐慌。这是我一生的事业吗？是我人生唯一的目标吗？这就是我来到这个世界上唯一要做的事情吗？如果全弄错了怎么办？该有多可怕？！

我意识到我并不是个例。当谈到人生使命时，人们通常担心以下几个方面：

  1. 自己选择的职业不够好。
  2. 觉得不应该随意改变自己的目标。
  3. 还没有找到"真正的"目标。

坦白地说，所有这些都是废话。

让我们逐一分析一下。首先，让我感到困惑的是，人们常常因自己的"人生目标"比不上别人而感到恐慌。他们害怕自己的目标不够重要，不够无私，等等。就算你不是畅销书作家，就算你没有环游世界帮助孤儿，你依旧是一个完整的人，你的重要性不会因此有所降低。

也许你的人生目标是：在人生的旅途中了解自己，了解世界；做个好人，善待他人；帮助需要帮助的人。仅此而已。活到100岁，做成这三件事，也许这就是你的人生目标。

其次，我坚信，很多人不会只有一个"目标"。这没关系。许多女性每隔几年就想改变主意，为此她们常常感到不安，担心自己不够坚定。但是，如果你奋斗了一阵子，发现当初认定的"使命"是错误的，那又该怎么办呢？好好想一想，其实没什么大不了的。

你不妨这样想。有多少次你网购了衣服，试穿后发现不合适？

在退货单上，通常会有各种各样的选项，分别是"颜色不对""不合身""与图片不符""改变主意"等。显然，你的"改变主意"对商家来说没什么大不了的，只是众多选项中的一个而已。

底线是：如果你想改变主意，那就给自己一个机会。就我个人而言，我认为，承认自己想改变方向，并付诸实践，比忍受没有激情的生活更为勇敢。

最后，我们中的一些人从来没有找到一个特定的职业或基于职业而产生的使命感。如果你为此感到压力很大，不妨放松一点。这并不意味着你不重要，也不意味着你是一个失败者，而是意味着你的目标可能不是什么具体的事情。不要担心。

你是谁，你代表什么，这些都是有意义的。

如果你不确定应该从哪里开始寻找自己的人生目标，那就问问自己：

你喜欢做什么？

就是那种能让你夜以继日、废寝忘食的事情，就是那种在一个理想的情况下你可以以此谋生的事情（这是可能的）。有没有你喜欢观察、喜欢研究，并有所发现的事情？

也许那是你小时候经常做的事情，但因为某种原因已经很久没有做了。我从小就开始写作，一直写到青少年时期。20多岁的时候，我辍笔了。当我在30多岁重新拿起笔时，你不知道我有多想念它。仿佛灵感的闸门已经打开，我废寝忘食地写着。即使你认为这很傻，也请尝试一下，重新拾起你小时候做过的事情。

或许你的人生目标不是一件事而是一种观念。花点时间，想象一下：你和一大群人坐在一个空荡荡的舞台前。突然，有人宣布，你将向观众发表30秒钟的演讲。你有30秒的时间告诉大家你的心声。你会对他们说些什么？

还有一种情况，很多时候，我们感觉受到一种召唤，并对给我们带来痛苦和折磨的事情充满热情。的确，逆境可能会成为一个转折点，塑造着我们的性格，使我们变得更加强大。如果你能用这股力量去帮助那些和你有着相同境遇的人呢？如果你能激发他们的潜力，让自己成为某种情况的顾问呢？很多时候，这些机会就在眼前。

请记住，无论今天、下个月，还是十年以后，只要能找到自己的热情或目标，就是最适合你的时候。这一切都是你人生路上的独特体验。

第19章
爱自己是现在最流行的事

你见过那种一走进房间就会吸引所有人注意的人吗？他（或她）不必十分漂亮，也不必非常有钱，他（或她）只是有吸引别人的独特之处，一个你愿意付出任何代价去了解他（或她）的独特之处。他（或她）甚至不用迷人，也不用很有魅力，但他（或她）的身上就是自带磁场。

这里，让我直接告诉你真相，从而省去你无数个不眠之夜。

真相是，那个人爱自己。就这样。

自信就是相信自己，而自尊则是相信自己的价值。

爱自己是两者合二为一，且超过了二者之和，是灵魂最需要的养料。

与此同时，爱自己这件事也很神秘、难以捉摸。问一名女性的月经周期，问她喜欢喝什么样的咖啡，她可能会滔滔不绝，告诉你很多细节。但是，问她爱自己的问题，你可能会得到一个茫然的眼神。

如果你不确定是否爱自己，不妨做一个快速测验吧。

1. 你觉得自己很棒吗？
2. 你无条件地爱自己吗？（换句话说，你是否为爱自己添加了许多条件，如体重、薪水、恋爱状况等？）
3. 如果你内心深处知道某个目标值得实现，你会去追求吗？

如果你对上述问题（任何一个或全部）的回答都是否定的，那么姐妹们，让我们开始吧。

到底什么是爱自己？简而言之，就是拥抱不完美的自己，就是：

- 原谅自己过去的任何错误，继续前进。
- 原谅他人。
- 不去关注你的特殊情况、你的痛苦程度、你的长相或你的薪水。
- 不相信你内心深处那个批评家告诉你的虚构出来的故事。

依我拙见，爱自己是有史以来最美好的事。

然而，在我们的文化中，爱自己是一个屡遭误解的概念。爱自己不是自负、自恋、自私或虚荣。如果你认为是这样，那我希望你把这个定义抹掉，创造一个新的定义。那就是，无论你过去经历了什么，无论你周围发生了什么，无论你在哪里，都要开始接受此时此刻的你。

所以，让我们开始吧。现在就做出决定，去爱自己。心里想着这一点，嘴上大声说出来。一开始，你可能会觉得有点不自在。但请记住，任何值得争取的东西都有让人感到不自在的特征。它绝对值得你为之奋斗。

你可能会想：真的那么容易吗？只是做个决定吗？

答案是"是"，但也"不是"。

说"是"，意味着你可以对自己这么说。说"不是"，意味着这不是魔术，你不会做完决定后突然间发现自己张开双臂从一片花海中跑过。记住（从第1章开始我们就说过），你的思想创造了你的情绪，并最终创造了你的现状。所以，为什么不去选择能给你带来更好生活的想法呢？你要选择源自心中的积极想法，而不是来自头脑中的恐惧想法。

爱自己的另一大好处是，当你爱自己时，与你志同道合的人会受到吸引，出现在你的生活中。爱自己有某种磁性能量，虽然是无形的，但人们总能从你身上看到美好之处。其他一些具有良好想法和积极能量的人会主动出现在你的身边。

到了成为自己头号粉丝的时候了！到了成为一个伟大传奇的时

候了！你无须宣布，无须举着牌子到处告诉大家你认为自己很棒。一开始，这可以是自己心中的小秘密。一旦你决定去爱自己，有一些事情就必须去做：

· 对自己的生活负责。不要把自己的不快或失败归咎于他人或环境。如果需要的话，请原谅别人。不快的东西就让它过去吧。

· 原谅自己的过去。既然都已经过去了，为什么还要为此自责？为什么还要让它支配你的自爱和自我价值呢？

· 拥有自己的故事，并为此去爱自己。每个人都有不堪的过去，毕竟都是人嘛。

· 设定健康的界限。不再容忍对你不好的人和物（也就是不再听他人的废话）。

· 追求自己想要的东西（如果需要，走出自己的舒适区）。一开始，你可能会害怕。但无论如何，一定要坚持去做。

· 相信你值得拥有自己想要的一切。

· 照顾好自己的身体、精神和情感。定期体检，定期咨询心理医生。主动接受他人的帮助。

· 接受表扬和赞美。那些都是珍贵的礼物。说声"谢谢"，而不是淡化或否认善意的话语。

你会发现，上述这些是贯穿本书的主题，那是因为爱自己是获得精彩人生的第一步。不爱自己，就很难尊重自己，很难相信自己，很难知道自己的价值。不爱自己，就很难坚持目标，很难设定美好的愿望，更难以掌握自己的命运。

是的，我知道，命运并不意味着双手交叉坐等好事降临。梦想只为"某一部分人"而实现。你知道"某一部分人"有什么共同点吗？他们都爱自己。

这不是运气，亲爱的，这是爱。

第20章

不要"觉得胖"

我们来聊聊"肥胖话题"吧。"肥胖话题"指的是以下这些我们会与自己或他人（尤其是女性）展开的对话。听起来是不是很熟悉？

- 你看起来很精神！最近又瘦了吗？
- 我太胖了，穿不了这个。
- 我不敢相信自己刚刚胡吃海塞了一顿。
- 她不应该穿那个。
- 我今天真的过得很糟糕，还吃了比萨。
- 我只有减掉10磅才能穿上它。

这些都是"肥胖话题"。大多数女性（男性也一样）在谈论这些的时候都觉得自己做错了什么。我相信，这类话题对我们来说简直是太平常了。因此,当我们自己说出来或听到别人说出来时,一点都不觉得别扭,甚至都没有意识到这个话题正在进行。我希望你能开始注意,你可能正说到或听到"肥胖话题"。

更可悲的是,这些想法不仅仅停留在言论上。很多时候,我们会十分疯狂地列出一些下周必须做的事情,想以此来"解决"肥胖问题。这份清单通常包括:重新开始锻炼,每天只摄入多少卡路里,去商店买塑身衣,下载卡路里计算软件,每天早上称体重,等等。

试想一下,这样的内容对我们究竟有什么影响?能让我们更快乐吗?能让我们减肥成功吗?能让我们的友谊更加牢固吗?能让我们的生活更加丰富多彩吗?

不,不能,相反它在毁掉我们。

这是一个恶性循环,从毒害灵魂开始,以挫折失望告终,且周而复始,循环往复。

让我们换个话题吧。不要纠结于体形,不要把好看和减肥联系在一起。与其说"你看起来好极了!是不是瘦了?"不如只说一句"你看起来好极了!"

"肥胖话题"不仅出现在我们和别人的对话中,它往往也出现在我们和自己的对话中。2011年,《魅力》杂志要求300名体形各异的年轻女性记录下她们一天中对自己身体的所有负面想法。研究发现,女性平均每天会有13次负面想法,几乎每个小时就有一次。令人不安的是,许多女性承认,她们每天会对自己的身材产生35、50

甚至100种憎恨的想法。高达97%的人承认，至少有一次觉得"我讨厌自己的体形"。

朋友们，这是个极大的悲剧。

你有多少次想过或说过"我觉得自己胖了"？我本人就说过无数次。

但是，据我所知，胖不是一种感觉。所以，不能"觉得自己胖"。

当你发现自己这样说时，不妨问问自己：还有其他的感觉吗？真正的潜在感觉是什么呢？不舒服？没动力？不健康？很迷茫？没状态？

这些感觉都是正确的，它们反映了你真正的想法。因为，至此你应该明白，你的感觉是由你的想法决定的，而不是由你所处的环境决定的。

如果你很难马上避免"肥胖"这个话题，那就注意一下听到这个话题的频率。使用本书中的工具和练习方法，慢慢抽身，最终不再参与有关它的谈话，不再去想那件事。

远离"肥胖话题"的一个绝佳方法，是关注自己（乃至他人）内在的东西，而非外在的东西，即关注自己的行为、天赋、热情、技能、特点等。如果让你列出好朋友的十个优点，我想体重不会出现在那份清单上。

第21章
管理好你的"内心批评家"

你心里有，我心里有，奥普拉[1]心里也有，我们心里都有一个"不同的声音"（或称"内心批评家"）。这个声音告诉我们：我们是什么样的人，我们和哪些人相似，我们能不能做某些事，等等。

"内心批评家"是多变的。有时，它会让你失去动力。它告诉你：你真正想做的事情太难了，花费太高了，你太老了，太不适合了。换句话说，它给你提供了打退堂鼓的借口。有时，它会毫不留情地打压你。它告诉你：你又胖又笨，你不值得被爱，你不会成功，你不值得拥有任何你真正渴望的东西。

我相信，你的"内心批评家"痴迷于痛苦。它让你保持现状（即使你不开心），让你惧怕改变，让你犹豫不决。这也是你在说

---

[1] 奥普拉：美国脱口秀节目主持人。该节目是典型的"忏悔类电视节目"。在该节目中，人们公开谈论非常私人的事情。（译者注）

话时频繁使用"但是"这个词语的主要原因。比如:

- "我想找一份不同的工作……但是,找工作太麻烦了。"
- "我在这段关系中并不快乐……但是,我已经尽力了。"

"内心批评家"最大的人格特质就是恐惧。想一想你害怕做某事时的样子,可能是去找一份新的工作,可能是约某人出去,可能是尝试新的事物。你的恐惧表现为脑海中的对话,听起来可能是这样的:

- "如果我看起来很蠢怎么办?"
- "如果不成功怎么办?"
- "我不够聪明,做不到这一点。"

我非常了解你的"内心批评家",因为我心里也有一个。它会喋喋不休地跟我说,我的生活是通往顶峰的一场赛跑,我必须把每件事都做得尽善尽美,否则,就会被嘲笑、被羞辱。当我想起我的梦想时,它又会告诉我,那是不可能的。它坚称,像我这样的人是无法实现梦想的。它说我没有时间,说我不知如何去做。即使有时间,知道如何去做,还是会做错的。总之,它是个彻头彻尾的"扫把星"。

有些人一生都把这个声音作为真理。他们不知道"内心批评家"这个概念的存在。怎么样？你准备好进行下一步了吗？

"内心批评家"是可以管理的。

事实上，你可以把那个声音从真实的自我中分离出来，从而看到自己生活中的巨大转变。管理好这种关系会帮助你了解真实的自己，减少负面干扰，让你过得更好。

管理"内心批评家"的关键是接受。管理"内心批评家"与切除扁桃体不同，它不会永远消失。你会一直听到这个声音，但你可以让它安静下来。

首先，要注意你何时迷失其中。也许就是现在。但不要因为脑子里有这个声音而责备自己，你只是开始意识到它的存在而已。有些人发现自己被激怒了，很生气，感觉很不好。此时，要看看，你脑子里的想法是什么样的？你和自己在用什么样的语言进行交流？

其次，对"内心批评家"的假设和所谓的"真理"进行质疑。当你发现自己在想"我在这方面太失败了"，不妨问问自己"这是真的吗？"问问自己，是你百分之百确定自己在这件事上失败了，还是你的"内心批评家"这样说的？"内心批评家"擅长把自己打扮成"真理"，这是多年来它在你的头脑中不断进行自我完善的结果。犹豫不决是一个明显的迹象，它表明你的"内心批评家"让你停滞不前。弄清楚所有"如果"，有助于你做出决定。

> 犹豫不决是一个明显的迹象，它表明你的"内心批评家"

让你停滞不前。

如果可以，不妨改变一下你看待"内心批评家"的眼光。当然，这要由你来决定。如果你用同情的眼光去看会怎么样？想象一下，它一直在尽力帮助你，但这真的很难。它的职责是保护你，鼓励你，但它就是怎么努力也做不到。如果这是一个你关心的人，你可能会为他感到难过（也可能会有点生气，但这也没关系）。但是，你可能会发现，一旦你确认"内心批评家"在帮助你这件事上力不从心时，它就失去了力量。保护者不应该让被保护的人感觉很糟，永远都不应该。

这项工作需要练习。谁也无法在一夜之间控制住自己的"内心批评家"。只要能坚持识别和质疑内心深处那些消极的声音，你的道路就会越走越顺。

第22章

看在上苍的分上：停止节食吧！

美国的减肥行业每年在减肥产品上获利约550亿美元。

该死的550亿美元。

让我们来一次梦幻之旅吧。想象一下，世界上根本没有减肥产品，没有广告告诉你如何筹集资金做抽脂手术，没有减肥药，没有减肥奶昔，也没有公司数着你每天吞咽食物的次数赚钱。

没有杂志、商业广告或其他宣传让你认为，瘦是解决所有问题的答案。没有什么让你感到"胖=不好、不开心，瘦=好、开心"。

就当这一切都不存在吧。

然而残酷的事实是：无论某人或某公司对你做出怎样的减肥承诺，无论你多么渴望变得更好或与众不同，无论你多么讨厌自己的身体：

节食都是扯淡，根本没用。

一旦节食涉及让你"变好"或"变坏"的问题，只有当你减肥失败时，他们才会获利。

有一个秘密工具，减肥行业是不会告诉你的，因为如果你知道了，他们就会失去那550亿美元。

那就是：倾听自己和自己的身体，并一直爱着它。

不要向外部寻找解决方案，停止寻找神奇的药丸，停止向"问题"砸钱。唯一的问题是，节食已经成为一种文化，我们在与自己一直使用的身体为敌。你的身体知道答案。只要你稍微停顿一下，不再说减肥有多难，它会把答案告诉你的。

它会告诉你，你没有问题，无须改变。如果你认为自己有问题，那么广告公司就会乘虚而入，大展拳脚。无论你此刻是胖是瘦，请相信你是完美无缺的。

当你只顾着节食减肥时，你还忽略了最重要的东西：找出自己暴饮暴食的原因。不要痛骂自己，不要寻找改变体形的方法，而要善待自己，理解自己，想想你的体重是怎么上来的。

我知道，"善待自己、理解自己"听起来似乎与"成为了不起的自己"有些距离，但是，这是最基本的，也是最重要的。没有哪个女人是因为对自己不好、认为自己需要改变体形，或因为惩罚自己而过上了精彩生活。事情绝对不是这样的。

所以，如果你还在节食，我不得不问：为什么？

如果你的回答是"因为我超重了"或"因为我长胖了"，那么我想知道深层的原因是什么。你的生活中有哪些与食物或锻炼完全无关的事情？你因为害怕而不想告诉别人的事是什么？你的脑子里在想什么以至于让你在不饿的时候一直吃东西？

因为这不是饮食的问题，而是你的问题。

说到节食，一定要谈谈你浴室里的体重秤。一般来说，数字有着不可思议的力量。人们喜欢测量事物，喜欢简单实用、黑白分明、符合逻辑的、有形的数字。但某些数字其实是带有感情色彩的。

如果你经历过以下一种或几种情况，那么你可能深受体重秤上数字的干扰：

- 你是否曾站在体重秤上，低头看着数字，感到十分糟糕？
- 你有没有因为体重跟自己较过劲？你是否只有当体重达到一定标准时才想做别的事？
- 你是否根据这些数字衡量过自己的价值？

现在，你可能明白了，你的感觉源于你的态度，而决定你感觉好坏的恰恰是你对体重秤上所显示的数字的态度。

你对自己的感觉绝对不能仅仅用身体的重量来衡量。全心全意爱自己是你与生俱来的权利，而体重秤上的数字仅仅是个数字而已。

想想看：你是否量过体温，它是否有高于正常水平的时候？你是否在医生的办公室里测过血压？如果超出正常水平，你是什么感觉？你会厌恶自己吗？你会对自己生气吗？大概不会。那么，为什么体重超重时你会呢？

请你把体重秤扔掉，或者捐了，或者砸了。家里没有体重秤又怎样？你为什么离不开它呢？如果你真的依恋它、离不开它，那可要好好思考背后的真正原因是什么。比如，是健康的原因吗？

我听说过这种说法："我喜欢测量体重，以便跟踪我的健身进度。"

那是瞎扯。

衡量健康的指标很多。最简单的方法是看你的衣服是否合身。当然，体会自己的感受更为重要。

你想过吗？

如果你花时间和精力去健身，通过运动来尊重你的身体，那么你的身体也会通过告诉你自己的感觉来尊重你。你只需要停下来仔细倾听就可以了。你试过吗？

现在，来盘点一下你身体的感觉。你的脖子和肩膀酸了吗？你的下巴紧了吗？你的皮肤松了吗？你睡得好吗？你的大便怎样？没错，我刚刚问的就是你的大便。

这些都是衡量你身体健康的重要信号。体重秤上的数字无法告诉你身体的整体功能如何。你的身体每天都在和你交流，要认真倾听。你的身体会告诉你它什么时候累了,什么时候饿了,什么时候饱了,什么时候有压力了,以及什么时候焦躁了。回应这些信号有助于你保持健康的体重,这比任何"时尚饮食"都要好得多。

所以,请帮我个忙,今天就把体重秤扔了吧。与此同时,放弃与节食有关的一切"闹剧"。

第23章

不要成为控制狂

相信我,同类最了解同类,控制狂的人生并不顺利。记得当时我和前夫正坐在治疗师办公室的沙发上,她把我叫了出去。

"你是个控制狂。"她说。我张大嘴巴,睁大眼睛,喘着粗气。她怎么能这么说呢?!但很快,我的直觉同意了这一说法,我叹了口气,点了点头。

这是真的。这是导致我婚姻不幸诸多原因中的一个。另外一个原因是,我不快乐,十分焦虑,沉迷于能麻痹我神经的一切。但我保证,只要按我说的去做,一切都会变好,甚至更棒。

不确定你是不是控制狂?那就看下面这个小小的清单吧。

· 控制狂认为,如果别人能稍作改变,那么每个人(尤其是控制狂本人)都会从中受益。因此,他们试图通过指出(他们认为的)他人的缺点来"帮助"他人。他们会不厌其烦地一遍一遍指出来，弄得仿佛是"建设性意见"一样。

・他们有着不切实际的期望。为了达到目的，他们会从头到脚监控他人。

・他们不接纳瑕疵，认为别人也不应该接纳。

・他们似乎是百事通，且同时掺合很多事情。

・他们利用"最坏的情形"来操纵他人。换句话说，他们把别人吓得战战兢兢，借此得到自己想要的东西。

（我不了解你的情况。但是，无论是谁，如果符合上述情况，我都不愿意和他待在一起。然而，曾几何时，上面的每一种情形都出现在了我的身上。）

这里列出了一些无论是谁都无法控制的事情。是的，无论你如何努力，都永远无法控制：

・天气

・别人的感受

・别人的言语

・别人的个性

・别人的观点

・别人的判断

・别人的问题

・别人的行为

你注意到这里面的问题了吗?

每个人都在按他们自己的方式生活。没有谁的工作是控制他人的感受、行为和观点。那么,为什么?你为什么要试图对一个人加以控制?

如果你符合上面的一些特征,不妨问问自己:这样有意思吗?这样的生活安宁吗?也许你已经这样生活了很长时间,没有意识到自己变成了什么样子;也许你已经意识到了,只是不知道如何以其他方式活着。

在我看来,为控制别人而活着的人是为了满足自己的某种需要。这是他们的救命稻草,为的是在自己的生活中创造秩序,因为他们内心深处正在经历着痛苦。也许他们知道痛苦的原因,也许不知道。但我知道,把控制作为职业不会解决你的问题,痛苦仍将继续。用控制他人来解决问题好比在喷涌的伤口上贴创可贴。

好在,你可以一点一点地层层深入,看看里面到底发生了什么。

你准备好了吗?

问问自己:你喜欢自由吗?你喜欢自由的感觉吗?我想你是喜欢的。没有人喜欢束缚,没有人喜欢被束缚的感觉。

荒诞的是,如果你试图控制他人,如果你试图以任何方式改变他人,那么同时你也把自己束缚在了一个地方,切断了自己的后路。

那么，你想赢吗？你想获得自由吗？

就算每个人都按照你认为"正确"的方式行事，甚至某个你认为老是做出"错误"决定的人也按照你的想法做出了一个"正确"的决定，你会因此高兴吗？或者，你是不是还要面对其他问题？（如果你不确定，请参阅第25章。）

有一个方法可以让你获得自由，那就是，接受"每个人都按他们自己的方式生活"这个事实。如果你爱的人是"瘾君子"，你会不会很伤心？会的。如果你同事的工作表现很差，你会生气吗？大概会吧。你讨厌你岳父的政治观点吗？也许吧。但控制这些不是你的工作。"接受"并不意味着"同意"，也不意味着"理解"。接受只意味着你选择了自由。

不妨换个角度来看。如果别人的旅程就是别人的旅程，无所谓"好坏"呢？我的意思是说，你有什么资格评判别人的"好坏"？你能接受这个概念吗？试着去接受。

你唯一能百分之百控制的是你的想法。让我们试试吧。注意观察自己会在什么时候试图去控制他人、事件或场面，试着在那个时候放手吧。试试这句话的威力："生活就是这样，我控制不了，怎样才能让我感觉好一些呢？"那就从这里开始吧。对你无法控制的局面，不必追求完美和快乐，只要比原来好一点就行。

例如，假设你的男友或丈夫有一辆摩托车，而你不喜欢他骑摩托车。这也许是他"不可妥协的事情"，不会做出让步。在这种情况下，主动权在你手里。你可以接受这个事实。然后，要么学会放手，要么选择离开。我知道这听起来很极端，但这确实由你来决定。尽量让自己感觉好些吧。如果你的情绪难以平复，那就试着念一句简单的咒语："随它去吧。"为此，你可能真的需要付出一些努力。不过，这个并不难。

  那就面对现实吧。大家都想赢，但学会放手绝对会让你永远立于不败之地。

第24章
别当"戏精"

你知道那个总是危机缠身、总爱小题大做、随时随地扮演"戏精"的人吗?

哦,等等。那个人是你吗?

如果是,请继续往下看。这一章是专门写给"戏精"及其周围的人的。

无端的闹剧和混乱会缩短你的寿命(这并非官方的医学诊断,只是我自己的专业意见),会让事情变得更糟。

当然,有时当事情真的像真人秀《真实的主妇》中那样变得十分糟糕时,便会出现闹剧和混乱。但通常,我所说的是下面这些人:他们急于下结论,瞬间由冷静变得亢奋,对任何事都斤斤计较,热衷于八卦,一安静下来就浑身难受,把每个地方都搞得鸡犬不宁。

一想到他们我就疲惫不堪。

这类人有一个特点：喜欢观众。如果没有观众，就好比"如果一棵树倒在树林里，周围没有人，它算发出声音了吗？"但是，对于"戏精"来说，就好比"如果发生了什么事情，没有人大惊小怪，它真的发生了吗？"

还不确定你的生活中有没有这样的人？如果你用下面这几句话描述一个人：

- "他让我筋疲力尽。"
- "别告诉他这件事，他会把它闹得越来越大。"
- "因为太闹腾了，我只能慢慢应付他。"

那么，这个人很可能就是你想慢慢疏远的人。

除非闹剧和混乱是你的两种个人价值观（见第4章），否则，在你的生活中，这样的人越少，对你越有好处。因为太多的闹剧和混乱会导致压力和焦虑，从而影响健康。

那么，该怎么办呢？

首先，这不是关于他的"对错"问题，这里没有责备或羞辱他的意思，而是关于你的身心健康问题。

话虽如此，这个人可能根本不知道自己引起了这么多的麻烦。对他来说，这可能太"正常"了，他根本意识不到自己不但到处放火，还在火上浇油。如果你告诉他了会怎样呢？你这样做的目的是什么？你真的想帮助他吗？所以，务必要弄清楚自己的意图。记住，你不能，也不应该，去控制别人。

其次，如果你已经和他谈了，而他却丝毫没有改变，那么请问问自己，你的生活中真的需要他吗？你在这段关系中得到了什么？如果他浪费了你宝贵的时间和精力，那不是任何人的错，而是你的错（见第16章）。记住，不要以牙还牙。如果你是一名综合格斗选手，那你可以以牙还牙，但你不是。所以，这是一个"放手"的好机会。"戏精"很可能会尽其所能把你拉回来，对此你一定要保持警惕。

如果你就是"戏精"，那么我想说，我曾经也是（时至今日，仍会偶尔旧病复发），所以我很理解。你可能会想，嗯，这就是我的生活，充满了戏剧性的场面和混乱的场面。如果是这样，那么你已经为自己贴上了这个标签。但是，一个残酷的事实是，你的生活可能并不比其他人的生活更富有戏剧性。谁都不是带着"我喜欢制造混乱、喜欢生活在闹剧里"的基因来到这个世界上的。这是后天习得的行为。这可能是一种渴望"获得关注、感受关爱"的心理，是每个人都有的。你可能不知道别的方式，平静让你觉得不舒服。生活一旦恢复平静，你就会觉得无聊。

很多时候，生活中的混乱和喧闹都是人为制造出来的。

所以，先问问自己，你从这种行为中得到了什么。你制造这场混乱的目的是什么？你是不是想通过制造干扰来避免生活中其他更

为重要的事情？（如果是，请参见第25章）

我不是要你放弃自己独特的东西——那些让你成为自己的东西，我是要你通过其他途径与他人联系并感受爱的滋味。也许到了你开始追求自己目标的时候了。归根到底，它与八卦、故事、戏剧性的推理这些表面上的东西无关。"从他人那里获得关注和关爱是有益的"，这种观点其实是错误的，这样的益处也是不健康的。从长远来看，除了空虚，什么都得不到，最终会让你回到原点，并开始新一轮的恶性循环。

例如，你的工作中可能会出现这样的情况。你去买咖啡时，一名同事用奇怪的眼神看了你一眼。

此时，"戏精"会问其他同事是否看到了那个表情，以及那个表情可能意味着什么。他认为你咖啡喝得太多了吗？他觉得你的衬衫难看吗？等等。

"改良后的戏精"想知道那位同事是否度过了一个糟糕的早晨，是否和往常一样。

你看出主要的区别了吗？"改良后的戏精"赢了，因为他放弃了"那个怪异的表情与自己有关"的想法，不必在一天中余下的时间里去纠结那些无关紧要的事情。

"改良后的戏精"将你的关注对象从自己换成了他人，这将会避免你的很多自我消耗。

（此外，如果你是被"戏精"调查的人之一，请选择退出对话。这样，就能让这出闹剧远离你的生活。）

避免闹剧是通往平静的门票，无论你是"戏精"还是"戏精"周围的人。

第25章
不要被别人的生活绊住

"试图通过给别人建议来帮助他们"和"试图告诉他们应该做什么",这两者之间有一条微妙的界限,特别是当他人对你的建议并不买账时(要么不接受,要么直接说你的建议很糟糕)。

我敢肯定,我们都能体会到这样一种情况,即我们都知道哪些东西对于我们关心的人来说是最好的。我们清楚地看到他人做了错误的事情,走上了错误的道路,做出了错误的决定。如果他人听我们的,他的生活会变得更好。他拒绝接受建议,这让我们感到抓狂,有时我们太着急了,他的事甚至会对我们自己的生活产生负面影响。

请对我要说的保持开放的心态。就一分钟,好吧?你可能认为你的方式是最好的方式。那好,就听一分钟……

我问你:如果你的朋友处于虐待关系中却不愿离开,如果你的兄弟吸毒却不愿寻求帮助并戒掉,你怎么知道这些决定对他们来说是"错误"的？在你看来，你的建议对他们来说是正确的。但是，你怎么知道他们正在经历的东西不是他们想要的？

你可能会对此嗤之以鼻，觉得：怎么会有人愿意受虐、愿意吸毒呢？这正是你需要保持开放心态的地方。

试想一下，有那么一段时间，你过得并不怎么好，你拒绝接受别人的建议，但你最终还是走了出来，而这一切主要得益于你的自由意志和自主决定。想想你在那段时间里在自己身上看到了什么。想想你是多么自豪，你走出了困境，过上了好日子。（如果你未因此感到自豪，那么现在就去做吧！）这时，你想回到过去，让自己接受那个人的建议吗？大概不会。你知道，不管是出于什么原因，你当时不会采纳他人的建议，即使你最终采纳了，但当时不会。你的人生教训是你自己得来的，它们是你独一无二的礼物。

我的观点是：我们并不知道什么是对别人最好的，尽管我们确信自己知道。

更为重要的一点是：当你发现自己沉迷于"帮助"他人时，我敢肯定，你在逃避生活中需要你关注的事情。

那是什么呢？

当你试图给朋友提供大量的恋爱建议时，你自己的婚姻是不是一团糟？当你告诉你的丈夫他喝得太多时，你是否通过暴饮暴食来麻木自己的感觉？当你讨厌工作时，你是否经常因为你的孩子和失败者在一起而责备他？

在你看来，修复别人的生活似乎比修复自己的生活来得容易，把注意力放在别人的问题上不那么痛苦。如果他们因为你的帮助而变好了，那么你便会夸夸自己，觉得自己得到了认可。你觉得自己很重要，很聪明，像个大英雄。

帮自己一个忙，也帮别人一个忙：给别人一点信任吧。记住，这是他们的生活，不是你的。你对他们决定的看法只与你自己有关，而与他们本人真的一点关系也没有。

当你忽略自己的问题时，你是在伤害自己，从而给自己的生活带来更多的痛苦。你对眼前的问题视而不见，继续表现得好像一切都"很好"，这样对自己没有任何好处。你猜怎么样？不管我们多么关心他人的事情，自己生活中的那些问题不会神奇地自行消失。在你处理好自己的事情之前，你打算给别人多少"伟大"的建议？你要等到情况严重到出现红色警报才采取行动吗？

这种情况我经常看到，这样的事情我也经常去做。你心里清楚，有很多事情等着你去处理。在这里，我要提醒你，你忽视这些事情，它们是不会变好的；你把所有的精力都放在帮助别人上面，它们也不会变好的。这些问题挥之不去，渐渐像垃圾一样腐烂变质。这堆垃圾还会越变越多，而你也一直在想谁会去把它倒掉。

如果你是这样的人，不妨暂停一下。每当你觉得需要开口告诉别人该做什么的时候,请把注意力收回来,转向内心,想想自己在生活中需要注意什么。别忘了,你自己最重要。

关爱自己,关心自己的事情。还记得我在第12章里给你们讲的那个比喻吗?不必在乎别人的看法,也不要主动去评判他人的行为。

第26章
去追求你想做的事

每个人都有一件自己最想做的事情，它在我们的脑海中已经盘旋了很长一段时间，它一定是非常有趣、令人兴奋的。我敢用所有的钱打赌，你至少有一个借口来解释你为什么没有、不能、不想做这件事情。你之所以没做，是因为你输给了借口。

我在第2章中写到了这一点，相信你对"舒适区"已经有了很好的了解。在这一章中，我想强调的是，追求自己想做的事情对于成为了不起的自己非常重要。请看：

  1. 你获得了自信和勇气。这个很明显。当你做你想做的事情时，你的内心会迸发出火花。你发现，这件事并不像你想的那样可怕。自信和勇气有几个表现，其中之一就是"采取行动"。即使你要做的事情并不像你希望的那样有趣和刺激，至少等你回头看时，你知道自己确实做了。

2. 你会遇到很多不同的人。比如，你想做的事情是写一本书，这是许多人的梦想。一旦决定了，你可以加入写作小组，出席作家会议，参加"全国小说写作月"，结识其他有同样梦想的人或早已成名的作家，并规划自己的梦想。无论你想做什么，都有很多人和你一样，渴望做同样的事情，也有很多人可以帮你实现。

3. 你临终时会少一些遗憾。如果临终时你仍然壮志（如开一家公司、开始一项爱好等）未酬，我不知道那将是一种怎样的感觉。好好想想这个问题吧，想想临终前你做过的哪些事情能让你感到高兴。这与完成和成功完成某件事情无关，只与尝试有关。

4. 你会成为榜样。我可以保证，如果你勇敢地去做了，你会一遍又一遍地听到："你激励了我去做那件事！"这种连锁反应或涟漪作用可能是巨大的，你可能永远也不会知道究竟能有多大。人们会以你为榜样，你能做到的，他们也能做到。此外，如果你告诉他们，虽然一开始你非常害怕，但还是采取了行动，他们会受到更大的鼓舞。

5. 你会更多地关注积极的事情。每个人都需要把注意力从生活中的负面事情上转移出去。也许，有一天，你要在闹剧和梦想之间做出选择。若果真如此，你会选择什么呢？

6. 你通常会感觉很好。这是前所未有的感觉。感觉良好才是你想做某事的真正原因。你之所以想这么做，是因为当你想到它时，你会感到兴奋和快乐，对吗？这种感觉很好。当你感觉良好的时候，你会把这种感觉传递给他人，这样你在情感上会更加健康（在生理上可能也是如此）。

第27章
放下怨恨

你听说过这样一句话吗?"抓住怨恨不放,就像点燃自己,希望别人被你的烟呛死。"

当我听到有人说"我喜欢记仇"或"我就是放不下"时,我觉得很滑稽。

我总是问他:"放不下的好处是什么?"

(这个问题无须作答。)

你是觉得你在惩罚这个你一直记恨的人吗?你是觉得你把他关进了你的"怨恨监狱"吗?除了愤怒、痛苦、仇恨和消极(这些都是负面、沉重的情绪)之外,抓住怨恨不放不会有任何收获。

你这么做的目的是什么?你觉得这会让你看起来很强硬吗?如果你真的停下来想一想,你会发现,愤怒和仇恨并不意味着你很坚强,不可战胜。这只能说明你还在生气,而唯一痛苦的人是你自己。如果你真的喜欢这种感觉,那就尽情享受吧。

那么，为什么你还在怨恨呢？

等等，你愿意告诉我你的故事吗？比如，"如果他知道某人对我做了什么就好了！"

好吧，我不在乎谁对你或你妈妈做了什么。放下怨恨与他们做了什么无关，放下怨恨不代表他们没有问题，也不代表你必须让他们留在你的生活里。

放下怨恨，只意味着你很爱自己，可以放下一切。

如果你说你无法释怀，我不得不问：

"为什么呢？"

如果放下了，会怎么样呢？正如你想的那样，本书的两大主题是：

1. 你最害怕的故事可能不会发生。
2. 你无法控制他人。

想象一下，如果没有怨恨，你的生活会是什么样子。毕竟，你没有时光机，不能回到过去强迫他人做出不同的选择。你甚至不能让他人为自己的所作所为感到抱歉，也无法让他人请求你的原谅。

但是，你可以给自己停止怨恨的自由。果真如此，你便是在继续前进，蜕去旧皮，成为一个全新的、更强大的你。

想想你还在生谁的气，我想肯定有那么一个人。我相信，当你想到他的时候，一定会想到发生了什么，以及他都做了些什么。现在，我想让你想想，如果你不再生气，会是什么样子。我绝不是说，你需要和他和好，或者原谅他。只是想想，如果你不再怨恨，会是什么样子。

放下怨恨，你的内心会发生什么变化呢？

记住，这与他无关，只和你有关。怨恨找上了你，你有权力让它离开。

这是你能给自己最好的礼物之一，更不用说对别人的影响了。因为，当你放下怨恨，给自己一个名为"平和"的礼物时，从本质上讲，你是在回报你周围的人。

最近，我偶然发现了一本日记。在我和前夫分手之后，我已经和另一个人在一起九个月了。我当时真的是乱作一团（接连不断的糟糕关系确实会让一个女孩变成这样）。

我在日记中写道：我怎么了？我在别人眼里曾经是一个"很有吸引力"的女孩。我把她丢到哪里去了？我要把她找回来。

事实上，我一直对我的前夫心怀怨恨。我意识到，无论是过去还是现在，我都无法控制他或他们的行为。

所以，我放手了。

我可以毫不含糊地告诉你，那是我人生中的一个重大转变。我在为我的幸福、自由和生活而改变。

怨恨很"重"，愤怒和痛苦也是如此。你愿意背负一个轻而平和的包袱，还是一个大而沉重的包袱呢？这是你的选择。在你做出决定之前，让我提醒你，那个给你带来消极情绪和感觉的人根本不在乎你背负着怎样的重担。

第28章
成为自己心中的传奇

我记得第一次听到"成为自己心中的传奇"这句话时的感受。我心想：我能做到吗？我表现得像自己心目中的传奇人物吗？

真实的自己答道：但愿如此。

我热切地希望你也能这样。

这与虚荣或自负无关，这意味着你相信自己很棒。如若不然，又怎么能得到你梦想中的精彩生活呢？因为，归根结底，一切都取决于你相信什么。关键是，你认为真实的自己是什么样子。

不知道你在思想上和行动上是如何对待自己的？

如果你认为自己不行，便不会去尝试。如果你认为自己注定要失败，就会失败。更为糟糕的是，在此期间，你会一直感到很痛苦。我不知道你是怎么想的，但我觉得那真的是糟糕透顶。

那么，如何让自己成为一个传奇呢？这是一个非常具体的方案，包括很多步骤，需要长时间的冥想、严格的饮食、每日的肯定，以及不断地刷新纪录等。

这些其实并不难，但需要下定决心。这里有一些小方法：

1. 从喜欢自己开始。大声说出来，可以对着镜子说，也可以对着你养的小猫小狗说。

2. 注意你的内心批评家。请记住，那只是你内心发出的不同声音，并不一定是事实（见第21章）。

3. 记住，谁都会有不顺心的时候，大家都一样。接受现实，继续前进。

4. 从第一点开始，一再重复。

在力争成为传奇的同时，要活得像一个传奇。你把哪些人留在了你的生活里？你是如何照顾（或忽视）自己的？你是否在人前大声说出了自己的心声？

大家都在看，都在听，都在默默地记着。

如果你对自己不好，那么别人也会如法炮制。也许并非人人如此，但是作为一个整体，他们会的。如果你受到不好的待遇，那只会加深你认为自己不好的看法，你会继续对自己不好，因为你认为自己真的不好。随后，你会下意识地去寻找自己不好的证据，最终一定会找到，而周边人对你的恶劣态度就是最好的证据。

朋友，这的确是一个很不好的操作。这是一个恶性循环。除非你着手改变，否则，它会一直循环下去。

你是无价之宝。我不在乎你是谁，做过什么，对自己的看法如何，你就是一个传奇。你就是你。

你才是自己能百分之百控制的人。

- 你决定如何与自己交流。
- 你决定如何对待自己的身体。
- 你决定让谁进入自己的生活。
- 你决定让谁或什么来影响自己。
- 你决定什么对自己来说是重要的，以及是否要尊重它。

我刚才所说的这些，有哪些是你经常做的？

记住，是你为别人该如何对待你制定了标准，是你决定是否允许别人进入你的生活，是你决定是否允许他们以某种方式对待你。如果你不喜欢，请让他们改变。如果他们不愿意改变，那就改变与他们见面的次数。就这么简单。我不在乎她是你的母亲，你的双胞胎姐妹，还是你的老板。你忍受你决定忍受的。

所以，是哪些忍让让你感觉自己不像一个传奇？再说一遍，这与傲慢或自负无关。它关乎你的生活方式：如何去反映和强化你很了不起这一事实，如何对待自己，以及如何让他人善待自己。

第29章
不再抱怨

抱怨似乎是人们增进感情的常见方式之一。你是否有过这样的经历？你在超市排队，前面的人很多，你和旁边的人交换了一下沮丧的眼神。然后，你们中的一个开口说道："排太长时间了吧？"你们突然成了好友。这就是我们打破僵局、寻求帮助的方式。

但事实是，抱怨往往于事无补。

好吧，我先让你缓一缓。

我确信，有意识的抱怨、清理或发泄会带来一些好处。大声说出你不喜欢的事也是非常好的态度。事实上，我相信，如果我们从不抱怨，每天表现得像是没事人似的，无疑会压抑自己的情绪。最终，这个坏习惯会带来更多的伤害。这里的底线是：只要发泄之后能转移注意力，专心解决问题，那么抱怨就能带来益处。

其实，很多人都是通过大声说出自己的烦恼来解决问题的。我的一些客户就是这样。他们拿起电话，大声说道："这件事需要几分钟，请耐心听我说完。"接着，便把一切都说了出来。最后，他们会说："我知道在这件事上我该怎么做……"（显然，事情解决了。）

但是，你也可能会搬起石头砸了自己的脚。如果你不停地说不喜欢这个，不喜欢那个，或者希望这个，希望那个，却很少或者根本没有采取行动，那么，恕我直言，"我无能为力"的借口完全是胡说八道。

我的好友兼同事艾米·史密斯总是说，如果你不愿意采取行动，就不要抱怨。

那么，你愿意对什么采取行动呢？

首先，问问自己想改变什么。在你和别人谈论某件事之前，一定要先弄清楚，因为有时我们甚至不知道自己想要改变什么。如果有人在做一件你不喜欢的事情，要客客气气地告诉他你的感受，力争达成一致。这样，你们双方都会开心。也许这个人也正想改变现状呢。如果你不开口去问，又怎么能知道呢？无论是与你的工作有关，还是与你邻居爱叫唤的狗有关，尽管去问。如果你不问，只一直关注自己不喜欢的东西，一味地抱怨，那样不会有任何结果。换句话说，如果你不采取行动，什么都不会改变。

另外，如果你一直在等待，紧张情绪就会升级。当你最终达到临界点、决定与其讨论时，你的态度恐怕不会很友善，也无心与对方达成妥协。你可能会说："你这个浑蛋，再不改变，我就扭断你的脖子。"这样的话必然不利于健康地讨论。

如果你真的无法改变，如果这事真的完全掌握在别人手里，那就不要抱怨！看在上苍的分上，还是算了吧。我的意思是，你抱怨的时候是什么感觉？很好吗？很牛吗？你觉得那是最好的自己吗？是不是刚刚大声说出来的时候感觉很好，然后又感觉很糟呢？

抱怨消耗了你宝贵的精力，也会让别人远离你。与其把精力花在消极的事情上，不如把目光聚集在积极的事情上——解决问题。爱自己，爱别人。

最重要的是，别再抱怨了！

第30章
原谅自己

你已经知道了爱自己有多重要（见第19章）。事实上，如果你还在为过去的事情自责，就不可能真正地去爱自己。每个人自责的事可能大不相同。也许你有过（或正在经历一段）外遇，也许你以某种方式虐待了自己的身体，也许你十几岁时交错了朋友，也许你堕胎了，也许你刚刚做了一个非常糟糕的决定（每个人都做过），诸如此类，不一而足。

让我颇感兴趣的是，人们很容易原谅伤害过自己的人，却不知道如何原谅自己。有意思的是，很多女人会告诉我自己如何自信，如何自爱。然而，当我问其是否原谅了自己过去犯下的错误时，每个人的脸上都会掠过一丝不安。接着，她们会谈起一两件始终放不下的事情。

我始终相信，不原谅自己，就等于憎恨自己，而这恰恰是通往沮丧、痛苦、糟糕生活的快车道。不原谅自己的感觉就像是夏日烧烤时围着你转的那只该死的苍蝇。你一边吃着烧烤,一边抬手驱赶着它。可是,那个讨厌的东西就是不管不顾,不断出现,不请自来。

所以,让我们后退一步,看看你做了什么让你无法原谅自己的事情。

好好回忆一下自己当时的真实意图是什么。假设你背叛了你的伴侣。那么,你这样做的时候,是在寻求什么呢?如果要我猜的话,你是在寻求安慰、认同、交流和爱。而在那个时候,你最真实的意图是照顾好自己,用你所知道的最快的方式获得那些感觉。这种行为是获得这些感觉的最佳方式吗?也许不是。但我认为,你是在寻求最基本的、最人性化的、最本能的爱的感觉。而这恰恰是你认为的照顾自己的一种方式,一种你当时知道的最好的方式。

从这个角度来看,你还会因自己试图满足最基本的情感需求而讨厌自己吗?

记住,你只是一个凡人。原谅自己,并不意味着可以重复同样的错误,就像你不允许孩子犯同样的错误一样。原谅自己意味着"我很爱自己,承认自己是一个凡人,我当时只是做了自认为对自己最好的事情"。

有时,"人性"中会出现"混乱"的一面。人人如此,概莫能外。有时,我们只是利用了当时手中的资源,做出了最好的选择罢了。吸取教训,继续前进吧。

人人都会犯错,有时错误甚至是灾难性的。然而,没有人会因为坚守错误而从中受益，你自己也不例外。问问自己，你为此付出的代价是什么？是不是压力更大了，快乐更少了？是不是目标更低了，成就感更少了？真的很不值得！

即使你知道应该原谅自己，做起来也并非易事。不妨试试，列出所有让你自责的事情。无论你是经常责备自己，还是偶尔责备自己，都要写下来。是的，看着写下来的东西可能会很痛苦，但无论如何都要去做。有时，把一切都发泄出来，会让你不再受过去的错误的控制，就好像你已经把它清除了，你的过去成了白纸上的几行文字，它并不像你描述的那样可怕，并没有压得你喘不过气来。

> 即使你知道该原谅自己，做起来也并非易事。

下定决心原谅自己吧。如果很难，不妨接受现实吧。"事情"已经发生了，就不要再自责了。如果你仍然认为原谅自己太难，那就只能有另一种选择了，继续怨恨自己。再说一遍：无论你当时做了什么，你只是利用当时手中的资源，做出了最好的选择罢了。只有情况不同时，你才会做出不同的决定。

假设对方是你的孩子、你的伴侣或者你最好的朋友，他们做了和你同样的事，之后感到非常后悔，并请求原谅。你会原谅他们吗？或者，你会告诉他们"不行，你必须继续接受煎熬"吗？

我想，你不会的。你深信，他们在犯错误时，只是做出了当时情况下最好的选择。

　　试想一下,如果你允许自己以同样的方式远离过去的错误呢?

　　你应该得到原谅,应该得到安宁,应该放下一切阻碍你前行的东西。

第31章

尊重你独一无二的灵魂

有一个令人讨厌的词语,我想和你谈谈:中规中矩。

我相信,我们的文化很难让人接受真实的自己。如果你是女性(请原谅我的偏见),那就更难了。言谈举止,有一套规定;"美丽""成功",自己说了不算。见鬼,就连成功的定义都是别人硬塞给我们的。

这样,就出现了一个中规中矩的"盒子"。对每个人来说,大同小异。许多人之所以跳进这个盒子,无非是想得到认可,因为这似乎是最简单的方法。通常,这发生在我们的中学时期,我们接受了他人的观点、信仰、偏好和爱好。长大之后,这些顺从的习惯一直伴随着我们,而我们却不知道自己为什么不开心。

你在生活中的某个时候进过"盒子"吗?如果进过,一定不会陌生。

我终于在31岁左右时从里面出来了。那时,我对成功、幸福、成就感、价值观、未来等词语有了自己的定义。我最大的愿望就是希望大家也能和我一样——做自己。

如果你没有给自己一个定义，很容易像迷途的羔羊一样，随波逐流，不知道自己喜欢什么，想要什么，不知道真正的自己是什么样的，也不知道什么能让自己发光。

这是一个悲剧。

生活中总能遇到一些人，他们觉得自己没有什么特别之处。他们花费了大量的时间、金钱和精力，试图成为另一个人。他们认为，那个人拥有美好的生活，过得比自己轻松。即使你现在不这么想了，也许你曾经就是这么想的。

希望成为另一个人是一种怎样的感觉？舒服吗？轻松吗？

我想都不是。

这也许是老生常谈，但我真的相信，如果每个人都意识到自己是独一无二的，世界会变得更加美好。

如果你意识到你是这个世界上独一无二的，你会欣然接受吗？你会停止对什么感到抱歉吗？你知道自己没有问题吗？你知道自己没有哪里不好、无须变得像其他人、可以对自己不喜欢的人和事说"不"吗？对照亮你生命的事说"是"吗？你知道自己现在的样子绝对是百分之百的完美吗？想象一下自己内心的力量吧！

我为你写了一个小小的宣言，告诉你该如何拥抱自己独一无二的灵魂。请看：

爱自己，全心全意地去爱自己。可能有些日子会很艰难，但没关系。第二天，从你停下来的地方继续前行。我们在这个美丽的星球上的时间不多，想怎么做就要怎么做。不要去想自己"应该"做什么，不要因为别人都做什么你也去做什么，不要因为别人让你做而去做。你要做的事情必须对你十分重要，没有例外。不要在感情和价值观方面做出妥协。一旦妥协了，就不要后悔。倾听你内心和灵魂的声音，它经常低声对你说话。我保证，如果你认真去听，它最终不会让你失望的。

爱自己，全心全意地去爱自己。

你就是你。地球上或宇宙中没有任何一个人和你完全一样。你一定要明白，遇到任何问题都不要逃避。如果有人不喜欢你，相信我，我再说一遍，这真的与你无关，而是与他们的观点和缺乏安全感有关。

尽力而为的同时不要伤了别人的心。你的心一生中至少要碎一次。我们的心里都有伤疤，它让我们成为人类，美丽而独特。学会经常原谅自己。如果需要的话，天天如此。如果你常常苛求自己，那么更要学会原谅自己，让自己稍事休息。凡事无须大包大揽，更无须全部完成。如果你认为别人都在这么做，请相信我，事实并非如此。每个人都在挣扎，不管他们外表看起来如何光鲜，不管他们吹嘘得如何不着边际。那些表面上看起来轻松自在的人，实际上他们内心也在挣扎，他们也会受到伤害，他们也和你我一样有心怀恐惧的时刻。

最后，敞开胸怀，拥抱他人。要有同情心。那些对人刻薄的人自己也会受伤，所以不要讨厌他们。同样，没有人值得你讨厌。是的，没有什么人、什么习俗、什么想法值得你讨厌。善良和爱会让你实现自己的梦想，尤其是当你首先去爱自己、去善待自己的时候。

我请你在自己的脑海里播下一颗种子，告诉自己"我就是我，我很棒，很出色，很勇敢，很可爱"。

做真实的自己。

第32章
勇敢创造

我真的相信我们都是有创造力的生物，我也相信我们个个都充满热情。

这两样东西相遇，就好比烈火遇到汽油。把二者放在一起，你就会熊熊燃烧。当然，我指的是好的一面。

如果你不在乎你与生俱来的热情或上苍赋予你的创造力，请跳过这一章。

女士们，先生们：

生活就是为了好好活着。

这么说吧。

我们就是要扼住命运的喉咙，咬着牙说："这是我的生活，我会好好活着。我不会跟任何人废话，不会藏锋敛锐，不会安于现状。我知道我很能干。我可以在崩溃之后突破自我，在摔倒之后自己爬起来。"

（好吧，这可能有点夸张，但我想你已经明白了我的意思。）

要成为了不起的自己从很大程度上来讲意味着要挖掘你天生的创造力。定期将其展现出来，能起到激励你的作用，会帮助你成为更好的自己。

这里有一个常见的误区。创造力并非少数幸运儿特有的天赋。我真的相信我们生来就具有创造力，但是在生活中的某个阶段，我们将其遗忘了，或者说它远离了我们。以下是一些唤醒创造力的方法：

· 学会感恩。详情请参见第44章。学会感恩让你感觉更好，使你更爱自己了。当我们心存感激时，不仅会吸引和展示我们真正想要的东西，还会吸引和展示那些等待激发的潜在的创造力。

· 看书、看电影、看话剧等。关键是要消化各种各样的主题，如冒险、幽默、悬疑等。这些故事会激活你的大脑，使之不再拘泥于某个单一的想法。另外，如果你喜欢音乐，那就去听吧。当我处于创造力匮乏的状态时，我会先放迪斯科，再放经典摇滚，再放一些20世纪80年代的音乐。这样一来，所有的压力和恐惧都消失了，我又回到了我正在进行的创意项目中。

· 加入（或创办）一个图书（或写作）俱乐部，或者是任何类型的创意小组。和志趣相同的人在一起，会激发你的创造力，振奋你的精神。

· 冥想，做瑜伽。这会让你静下心来。有时，我们的大脑超负荷运转，就好比我们同时打开了2974个浏览器窗口，却不知道该看哪一个页面。冥思，做瑜伽，可以帮助你彻底平静下来，重启大脑，继而开启你的创造力。

·再次回到童年。孩子身上散发着无限的想象力和创造力。你最近一次涂色、玩乐高或培乐多是什么时候？此处的重点是，挖掘你内心深处的儿童天性，而不是去模仿别人。老实说，玩培乐多让我很痛苦，因为我从小就不喜欢玩彩泥。靠这个来激发我的创造力，等于在做无用功。我现在最喜欢做的是从洒水车后飞奔而过。总之，做你想做的，只要充满童趣和乐趣就好。

另外，不要混淆"创造"和"有创造力"这两个概念。我曾经认为，"有创造力"意味着要成为一名艺术家或剧作家，或者，退一步讲，成为一名骄傲地举起自己的手指画的学龄前儿童。

"创造"远非如此。简单地说，"创造"意味着个体的自我表达。对你来说，"有创造力"实际上意味着"自我创造"，即创造一个真正的自己，一个你想成为的人。（要知道，这样做等于在革自己的命，即坚持做真实的自己，而非做别人眼中的自己。）

你的创造，你的自我革命，都能点燃你的生命之火。

无论如何，这一切都是你的个人革命，显现了你对生命的热情。那还等什么呢？

那就开始吧！

第33章

走出受害者困境

你当过自己"哀怜派对"上的贵宾吗?我想你当过。如果你对自己的处境感到难过、悲伤和沮丧,这完全是正常的,也是健康的。但是,如果你深陷其中,那么你可能生活在受害者的心态里。

这种人的特点是,他认为自己注定要过"蹩脚的、艰难的生活"。他似乎永远也不会转运,而这一切都是别人的错。他认为每个人都与自己作对,仿佛人们努力的目的就是为了让他的生活变得更加糟糕。他认为自己从一开始就拿到了一手烂牌,永远也不可能在比赛中领先。

如果你觉得我说的就是你,那就继续往下看吧。这一章是专为你写的,亲爱的。

受害者心态是最高自我的杀手。实际上,你把自己的权力交给了他人,交给了环境。换句话说,你把自己的权力送了出去,把它扔掉了。

总有事情会发生,而且不顺心的事情也总会发生。生活中,有时会有一些小小的不快,有时会有一些大大的灾难,这一切都是在所难免的。

受害者心态会折磨你(更不用说折磨你周围的人了),会自我加剧,会自我繁衍。你越是抱怨,越是相信自己注定会失败,失败就越会光顾你。即使在别人眼里你的生活与众不同,即使你的生活越来越好,你仍然会觉得自己的生活糟透了。

这就好比西斯廷教堂地板上的口香糖包装纸。大多数人都不会在意,因为他们正专注于这个美丽无比、令人敬畏的教堂。

但是,有一个人只看到了垃圾。他开始抱怨,告诉那里的每一个人。结果,他错过了西斯廷教堂的美丽,错过了任何与艺术有关的事情,只记得口香糖包装纸。如果他改变视角,把眼睛从包装纸上移开,抬头看看周围,他一定会看到一片完全不同的景色,一片美得令人窒息、令人震撼的景色。

我认为,当涉及个人观点时,你总是可以选择的。比如,到底是选择口香糖包装纸,还是选择西斯廷教堂?到底是选择你生命中的无限可能,还是选择成为环境的牺牲品?

受害者心态是你强加给自己的痛苦。

问问自己:我从痛苦中得到了什么?

另一个严酷的事实是,没有人喜欢和"受害者"在一起。因为这太悲哀了,太累人了,感情上太难以令人承受了,这既不有趣,也不刺激,让人喜欢不起来。

亲爱的，如果你的生活很艰难，我很抱歉。但是，如果你想终止这样的生活，请不要在周围寻找改变的因素，而要从自身开始改变。

下面有一些方法。你会发现这些方法很熟悉，那是因为它们很有用，也很重要。

1. 到达自己的临界点：到达一个不再觉得疲惫和厌倦的节点。如果你不再认为自己是受害者，那么我真诚地希望这能成为一个分水岭。在沙滩上画一条线，宣布你与过去说再见。一旦你接受了"一切都取决于自己"的观点，看到了你手里攥着的走出这个牢狱的钥匙，我向上苍祈祷，你一定能打开门走出去。

2. 为自己的人生负责。首先，对你的想法负责。记住，决定你的感受的是你的想法，而不是你所处的环境。你之所以感觉自己像个受害者，完全是由你的想法造成的。与其觉得"我对发生在自己身上的事情感到很震惊"，倒不如觉得"我真的很难过"。一个小小的调整，就是这么简单。事情的确发生了，但不是只发生在你身上。我不是要你用自己的想法去创造奇迹，也不是要你去相信一些空洞的主张。我的意思是，从这里开始，慢慢来，一点一点往前走。

3. 问问自己哪些事情能让你往前走，哪怕只是一点点。即便你刚刚宣布了"我不再是受害者了"，也不必强求来个突飞猛进。按照这三个步骤，向世界宣布"以前的那个受害者已经不在了"。

也许有人天生就是悲观主义者或令人沮丧的人，但我不这么看。如果你有这种感觉，我想让你知道，你完全可以改变。阅读类似的书籍，加入某些支援团，询问医生是否需要服用治疗抑郁或焦虑的药物，改变饮食结构，但是不要用借口或荒诞的故事来搪塞自己。

朋友，你应该得到最好的生活，而受害者心态显然会阻碍你的行动。

第34章

你永远都值得被爱

你可能经历过人生中的一些艰难时刻。比如，你的前任或现任对你不忠，背叛了你。这个我很理解，因为同样的事情在我身上发生过不止一次。我经历过背叛，受到过羞辱。我受伤过，伤心过，害怕过，愤怒过，羞愧过。无论你的感觉如何，都是对恶劣生活环境的正常反应。我一度认为自己"被毁了"。

是的，被毁了。被谁毁了？被什么毁了？前任？不忠？环境？另一个女人？我也说不清楚。但对我来说，指责他、埋怨他，的确很容易。这是我试图伤害他的一种方式（只是没有奏效而已）；这是我保持受害者身份的一种方式；这是我试图获得他人同情并让他人与我"站在一起"的一种方式。

这让我变得强大了吗？没有。

这对我继续前进有帮助吗？没有。

这能让我再次确认自己过去是、现在仍然是一个了不起的人吗？不能。

无论你遇到了什么事情，无论你犯了什么错误，都请记住：你是一个凡人。你的感觉需要时间来消化，有时还需要反复消化。你不能设定截止日期或最后期限。同时，你也需要记住：你不能拿你的境遇、你的想法、你的感受来定义自己。它们可能会影响你，但无法塑造你。

经常告诉自己：无论你是谁，无论你做了什么，无论你经历了什么，你都值得被爱、被接受、被联系。你没有"受损"，没有"被毁"（如果你真有这种想法，请跳到第52章）。你的感情可能受到伤害，你可能有遗憾，但是作为一个神圣的存在，你仍然是一个完整的人，仍然是难以想象的优秀者。

如果你曾经和自己或他人有过这样的对话：

如果某某某没有对我＿＿＿＿＿＿＿＿，我可能＿＿＿＿＿＿＿＿。

我会＿＿＿＿＿＿＿＿，但我不能，因为我已经被＿＿＿＿＿＿＿＿击垮了。

那么，我的这一章就是为你写的。

没有什么人可以塑造你的感觉。没有。是你每时每刻的所作所为在决定着你的感觉是什么样子。你的想法、你对他人的反应、你对脑海中故事的承诺，以及你随后的信念，是这一切造就了你的感觉，而不是别人的言语或行为。

永远都不是。

想想某人伤害你的时候。你生气了吗？受伤了吗？害怕了吗？

有这些感觉实属正常。但是，如果它们让你感到消沉，让你做出了对自己无益的决定，就需要果断采取行动了。

不要让过去发生在你身上的事限制了你的未来。

每个人都有包袱，每个人都有过去。不管你的包袱是什么，都不该影响梦想的实现。你值得被爱。一个人的人生目标——无论是什么——都对人类进步有着重要影响。不要让过去那些发生在你身上且挥之不去的负面情绪限制了你未来的发展。要提醒自己，你是一个传奇人物，你很棒，你很了不起。

第35章
追求完美是一场没有终点的赛跑

老实说，整本书共52章，这一章是我认为最难写的一章。从我记事时起，追求完美就一直是我的"毒苹果"（参见《白雪公主》）。对我来说，这是"一天一次"的必修课，也许你也一样（但我现在好多了）。

如果你正在阅读这本书，一定是想有更好的自我认知，想亲自参与自己的成长和发展，想过上美好的生活。如果你真的想让自己的生活变得精彩，那么一定要放弃追求完美的念头。我想，你早就知道这一点了。关键是，我也知道这一点。理智告诉我，完美是不存在的，追求完美只会带来焦虑、消极的自我打压和源源不断的痛苦。然而，这却是很多人的目标之一。

我认为，完美主义伤害女性的地方在于，她们因害怕不完美而不敢去追求自己的目标。恐惧、攀比、消极的自我打压，以及文化因素对女性造成的压力，所有这些加在一起导致她们经历了生活中的"狂风暴雨"。这是一种"不成功便成仁"的心态。要么黑，要么白；要么完美，要么放弃。结果，她们从一个雄心勃勃、积极进取、追求卓越的女人变成了一个在压力下喘不过气的完美主义者。

那么，卓越与完美的分界线在哪里？如何避免越线？

首先要接受"这可能是自己的致命弱点"这一事实。突然要求一个人"不要做完美主义者"，要"拥抱不完美"是不现实的。这就好比让一个喜欢吃快餐的人在一个小时内为十个人准备一桌满汉全席。这一方面会让人感到焦虑，另一方面似乎也是不可能的。

因此，大大方方地承认"这对我来说很难"是有益的。我们知道，完美主义者的内心批评家会大喊大叫，啃咬自己修剪完美的指甲。所以学会告诉自己："这对我来说可能真的很难，但我爱我自己，我愿意尝试。""完美主义占据了我生活的大部分空间，但这对我并没有好处。我已经准备好了，每天都要做出改变。"这一步的关键是要善待自己。

其次是将你内心的完美主义具象化（这也是对第21章主题的一个很好的练习）。我内心的完美主义者当然是完美的，所以她希望我也是完美的。我将其具象化，把她看成人体模特。她的一切都很完美，她很苗条，戴着漂亮的首饰，皮肤光滑，唯一的不足是头脑空空。你内心的完美主义者可能是电影中的一个角色、前男友或前女友，又或者是你的母亲。当你觉得自己内心的完美主义要抬头时，尝试创造一个你能想到的角色。这个练习的重点是，把真实的自己从这个声音中分离出来。我可以百分之百地向你保证，那个完美主义者的声音并不能代替你的声音。

我保证。

最后，带着同情心接近这个内在的完美主义者。（你准备好了吗？）问题是，这一部分的你害怕了，害怕自己看起来愚蠢、无能、不够好、不够聪明、无力弥补不足。而要想避免这种情况，唯一的方法就是做到尽善尽美。如果你能剥开她的外衣，认真地看着她，我敢保证，你不会想去避开她，不会想和她打一架，不会想去告诉她错误有多严重。相反，你会想去给她一个拥抱，想让她休息一下，想告诉她一切都会好起来的。

所以，是这样的：当你发现自己因为完美主义而退缩，或者因为表现不佳而抱怨时，我希望你能看看自己受伤的那一部分。生活不可能总是出人头地或扬名立万。你有足够的（必要的）空间去尊重那些需要你付出绝对的爱和给予绝对的关注的部分，以便实现超越，成为更好的自己。

这里我给大家转录一些我非常喜欢的名言。它们均来自我的导师和同事，主题当然与完美主义有关：

· 不完美不是不足。它提醒我们，大家都是一样的。

——布琳·布朗

· 不完美是幸福的扩展。如果一切都想明白了，成长就没有必要了。对我来说，成长是快乐的，即使有时很不舒服。

——塔妮娅·盖斯勒

· 不完美教会了我学会接受，这对于一个右脑型完美主义者来说并不容易。我把自己的不完美分成了几类。比如，我永远不会成为一个完美的厨师或完美的母亲，也不会试图去成为这样的人。我只想真实地爱我的孩子。

——梅丽莎·沃迪

· 我很高兴自己并不完美，我的人生格言是"我还在学习"（它就贴在我的门上，融入了我的育儿教育当中，允许我展示真实的自我）。我想，这有点像一张自我颁发的通行证，上面写着："我已经尽力了。"事实上，如果明天我不得不在自己的墓碑上写下墓志铭，那将是四个字："她尽力了。"

——艾米·尤塞尔

· 不完美让我和世界上的其他人有了共同点。

——阿什利·福尔松

· 如果一切都想明白了，还在这里干什么？不完美让我的生活有了意义和目标。它让旅途充满了曲折，充满了乐趣，让人不急于到达目的地。

——安吉拉·劳里亚

第36章
摆脱不健康的关系

这是我最喜欢的一句话,因为它源于我自己的真实故事。几年前,我主动建立了一段恋情。事实证明,这段恋情没给我们双方带来任何好处。我没有得到应有的待遇,恋情也没有得到任何进展,而我自己却深陷其中。在那几年里,我一直在想:

最终他会改变的。到那时,我们的关系会变好的。

与此同时,为了让他有所改变,我努力成为自己想成为的人。很聪明,对吧?

时间一天一天地过去了,可是,一切都没有改变。

我害怕离开,害怕重新开始,害怕孤独,害怕一个人度过自己的30岁时光。

我沉浸在自己的幻想当中。每天早上醒来,我都希望能梦想成真。你猜怎么着?

那一天,根本就没有到来。

当我停止因自己的悲惨生活而责怪他时，我便可以对整个事情有一个清醒的认识，便可以甩掉包袱，轻装前进了。我一再看到这样的情况：恋爱中的人总希望自己的伴侣能有所改变。你见过几个因为不停地发牢骚导致伴侣最终发生改变的？你见过几个因为抱怨、恳求和奢望最终达到这一目的的？

　　一个都没有。

　　就像我之前所说的那样，能控制你的只有你自己，能让你痛苦的也只有你自己。

　　如果你的恋人像对待垃圾一样对待你，请记住，你就是那个"明知不会变好却仍然守着垃圾不动"的人。

　　你之所以会留下来，也许是因为你一直抱着"要是……该多好"的想法：要是他能求婚该多好！要是他能找到工作该多好！要是他不再骗我该多好！要是他能戒掉酒瘾该多好！

　　如果你坚守这一想法，请记住，那纯粹是一个幻想，永远不会给你带来应有的爱和尊重。

　　问问自己：你究竟爱的是什么？是这个实实在在的人，是虚无缥缈的一线希望（即那些"要是……该多好"的想法），还是自己虚构的未来？问问自己，这里面是否有两个故事在同时展开：一个是现实中发生的事情；另一个是你大脑中虚构的场景。如果是后者，不妨看看你们关系的现状。如果事情一直按原样发展，最终能如你所愿吗？如果你认为可以，那么你愿意等多久？十年？还是一辈子？

有一句话应该反复强调：你值得拥有爱，你应该得到尊重。但这首先来自你自己。所以，如果你真的爱自己，尊重自己，就不会坚守一段不正常的、破坏性的关系。这一点我非常清楚。回顾过去，我就是那个"既不会爱自己，也不尊重自己的女孩"。其实，我也想爱自己，也想尊重自己，可就是不知道如何去做。

那么，到底应该怎么做呢？

1. 接受你不知道如何尊重自己的事实。你可能会在一个困境中迷失数年，感觉自己活脱脱是个受害者。那就赶快从这个让人不舒适的"旋转木马"上下来吧。

2. 盘点一下你在这段关系中所容忍的东西。你可能已经在脑子里做了10万次清点了，现在就把它整理一下，记录下来。然后，以白纸黑字的形式呈现在自己面前。是否存在情感脱节？是否存在出轨问题？是否存在不尊重的现象？把它们一一列出来吧。

3. 确保在情感关系中除了爱和尊重以外不容忍任何东西。如果你正处在一段糟糕的关系当中，你的伴侣从不尊重你发展到虐待你。那么，请听我说，这个人不太可能会发生变化。如果真的发生变化了，概率也仅有小小的0.005%。这样的人想进行改变必须接受长期的治疗和帮助。很多时候，你们的关系等不到变化到来的那一天。这是一个难以接受的事实，但也是一个必须面对的事实。

4. 如果你想改善这段关系，那么去寻求专业的帮助吧。只有夫妻双方都去接受心理咨询，你们的关系才有望得到挽救。双方不但要有意愿，还要做出承诺。万一你的伴侣不愿意接受帮助，那恰恰说明他（她）的确存在问题（害怕面对问题），的确需要帮助，而这段关系的前景并不乐观。

5. 了解自己。你想要怎样的生活？不想要怎样的生活？你觉得自己怎么样？你想怎么改变？希望本书能帮助你更多地了解自己（如果你依旧感到十分困惑，请看第51章）。

此外，如果你还没准备好离开，那就是时机还不成熟。当涉及艰难的关系时，每个人对痛苦的忍受程度是不一样的。有人会坚守着一堆垃圾，直到自己受够为止。所以你需要确定自己的底线，到什么时候为止不能容忍这一切。我希望这一章至少能帮助你确切地认识到你正面临着什么、正在忍受着什么，以及你的未来究竟会是什么样子。

因为你的未来理应精彩。

第37章
不要让攀比毁了你

你是否和别人攀比过？从来没有？原来你是机器人。那好，你可以跳到下一章了。

如果你是人，请继续阅读。

我敢保证，如果我现在问你，你肯定可以马上说出五个你认为十分完美的人，不管是你认识的还是不认识的。他们个个都很漂亮，个个都拥有完美的房子、完美的配偶和完美的生活。你希望成为他们中的一员，或拥有他们所拥有的一切。你相信，他们完美的生活中几乎没有任何痛苦。如果你的生活也能像他们一样就好了。

我的丈夫为了另一个女人离开了我。与此同时，著名影星布拉德·皮特离开了同样是影星的妻子詹妮弗·安妮斯顿（据我所知，是她把他踹了）。我在一份小报杂志的封面上看到了她，我想知道在世人面前承受这种痛苦有多难。这几乎就像是赤裸裸地站在舞台上，无法遮掩，一览无余。我也想知道，离婚对她来说是不是比对我来说更容易一些。毕竟，她身价不菲，拥有完美的身材、小麦色的皮肤、一头柔顺的金发和一个令人羡慕的职业。

最终，我意识到，她毕竟也是凡人一个，和我一样，和你一样。

"外在的东西"——金钱、长相等——无法减轻任何痛苦。即使在你眼里，那些完美的人看起来没有任何痛苦，但我保证，他们也像你我一样经历着痛苦、折磨和恐惧，一样没有安全感。换个角度来看，他们只是掩饰得比较好而已。在你将自己与完美的人进行比较之前，请记住，每个人都有自己的痛苦。过好自己的生活。你的生活之所以和别人的不一样，一定是有原因的。不管是痛苦还是别的什么。

有一句话是这么说的："如果每个人都把自己的问题堆成一堆让别人来看，我们就会发现自己的问题算不上什么问题了。"我觉得这句话说得很对。

当你发现自己一直在攀比时，不妨试试下面这些方法，对你一定有所帮助：

• 第一个方法我称之为不要"贴标签"。我们常常会想，如果她比我漂亮，那么我就是丑的。也就是说，我们往往根据自己对他人的看法给自己贴上标签。如果换个角度，换个说法呢？比如，"如果她比我漂亮，那么她就是比我漂亮"。

可见，给自己"贴标签"没有任何意义。我希望大家不要要求自己立刻从消极的想法跳到积极的、肯定的想法（我知道这个很难），你可以从一个消极的地方开始，过渡到中间地带。你的第一个目标可以是把自己的想法从"她比我漂亮"转变为"哇，她真漂亮"。就这样。当你在中间地带感到安全时，你自然会产生积极的、肯定的想法。

·第二个方法是感恩。我在第44章里详细地讨论了这一点，这通常是我的首选工具。当你发现自己掉进了比较的陷阱时，赶快停下来，立即列出你能想到的令你感激的事情。当你所热爱的和感激的事情占据了你的大脑时，你很难再去与别人比较了，也很难再去打击自己了，反而会希望自己与众不同。

·第三个方法是庆祝你自己的成就。你最近是否停下脚步，为自己近期取得的成就感到骄傲？没有？从未有过？如果这是你生活中的一个盲点，你会更容易落入攀比陷阱。

·第四个方法是学会欣赏。不久以前，我和一个朋友在一家小酒馆里，我们向柜台后面的女孩询问店里的食物。女孩很漂亮，化了淡妆。她的眼睛很亮，皮肤也很好，还有一点点雀斑。女孩滔滔不绝地谈论着三明治，我打断了她，说："你真漂亮！"我本可以说我比她大多少岁，有鱼尾纹，而她没有。然而，我退后一步，欣赏她的美丽，并亲口告诉了她。我们每一个人都会欣赏美丽的珠宝、壮丽的日落或瑰丽的艺术品。如果我们都去欣赏另一个女人的美丽，祝贺她的成功，或赞美她的美好，而不是想起自己的不好，那会怎么样呢?

攀比与完美主义有关（见第35章）。事实上，世界上总会有更加强壮、更加漂亮、更加富有的人，总会有让你想去比较的人。牢牢控制自己的比较思维，以免失去控制，变成消极颓废的自我打压。与此同时，把自己从你欣赏的事物中分离出来，只欣赏它的美丽而不要用它来打压自己。

第38章
"C+"可以改变你的生活

几年前，我参加了一个周末培训课程，想成为一名人生导师。由于我的婚礼就在下一个周末，所以不用说，我在训练时精神不在状态。我的内心非常矛盾。尽管我努力把精力集中在眼前的事情上，但我的思绪却一直徘徊在即将到来的婚礼上。

课间休息时，我把其中的一位老师拉到一边，把我的情况如实告诉了她。她停顿了一下，然后说："如果你允许自己过一个C+（一般+）的周末会如何？也就是说，就待在原地，不去争取A+（优+）的成绩。"

事实证明，其他的方法都行不通。我无法集中精力，而为此自责也于事无补。所以，我最后只能接受她的建议，让自己休息一下，不再做一名"优等生"，至少在当天剩下的时间里如此。

有趣的事情发生了。

我放松了下来，学到了比我想象中更多的东西。

事实是，我们中没有谁能24小时开足马力，没有谁是"超人"。我们都有难熬的日子，压力都很大，都会分心……拥有C+的一天不仅与"视角"有关，还与"足够好"的态度有关。

嗯……足够好。

那么，对你来说，怎样才是"足够好"呢？ 你认为事情做得多好才算好？某个时刻，你在心里列出了一系列标准（或许是别人灌输给你的），这就是你给"足够好"下的定义。问题是，很多人把"足够好"和"完美"搞混了。对大多数人来说，"足够好"是远远不够的。而"完美"是任何人都无法达到的。因此从这个角度来看，这是一个"双输"的局面。

我并不是让你抱着一种"随它去吧"的心态，与自己相信的东西和最适合自己的东西背道而驰。但是，完美主义者C+的一天可能就是现实标准中的A+的一天。要学会客观地判断什么是A+的标准，然后弄清楚在什么地方越线就会成为不切实际的完美主义。如果你开始思考这个问题，就会开始注意到诱因，并能够更快地捕捉到加速上升的消极因素。

那么，如何练习做到"足够好"呢？

这要从做决定开始。当然，这并非像听起来那么简单。首先，你要接受自己是唯一一个能够决定你是不是"足够好"的人。这可能会让你既感到无比强大，又感到非常恐惧。

如果你一直深陷完美主义的泥潭，不妨重新给"完美"下个定义。例如，当我第一次训练铁人三项时，我很害怕在开阔的水域里游泳。我不擅长游泳，而且我害怕开阔的水域。（谁知道那里有什么？大白鲨？那里的水有多深？100英里[1]？）我开始给自己设定时间目标。这让我感到害怕，感到压力很大，因为我不仅要完成铁人三项，还要十分完美地完成。这听起来一点都不好玩。

我知道不可能做到完美，于是便改变了目标：完成比赛就好。尽力不要淹死，避免葬身鱼腹，不管时间和名次，只要完成就行。相信我，那样会更加有趣。这就是我的C+、"足够好"的比赛。

要想感觉"足够好"，最起码的条件是练习善待自己。这可能意味着，当涉及项目、行动和决策时，要重复一句简单的咒语——"足够好"，并且要一遍又一遍地对自己说："我足够好了。"大多数时候，需要一天一练；有时，则需要一小时一练。这里的底线是：放松自我，继续上路。

> 要想感觉"足够好"，最起码的条件是练习善待自己。

我让客户做的一个练习是，创建一个其内心的完美主义者或内心批评家会列出的待办事项清单。不要退缩。如果你的内心批评家认为你需要回去完成硕士学位，即使这一年你刚刚生了孩子，也要把它列上。或许，你需要成功，今年要赚六位数，尽管去年只赚了

---

[1] 1英里≈1.6千米。（译者注）

3万。然后，再创建一个现实的待办事项清单，这就是你的"足够好"清单。虽然我完全赞成吸引力法则[1]，赞成"说出你想要的就会得到它"，但与此同时，你要保持心态良好、轻松、平和。

你的目标、抱负和待办事项不应该让你感到有压力，也不应该遥不可及。否则，创建这份清单的一定是你的内心批评者。相反，你需要感到有动力、有力量、有灵感，而你的"足够好"清单恰恰可以帮助你找到这种感觉。收起你对A+的追求，创造属于你自己的"C+"清单吧。

1　吸引力法则，一种心理学效应，一般指人的思想总是与和其一致的现实相互吸引，也就是俗话说的"心想事成"。（译者注）

第39章

不要通过别人来定义自己

这一章的内容并非我在前几章里所解释的那种"贴标签"现象。本章讨论的是"通过他人来定义自己"的问题。通过外部环境获得认可,是女性前来寻求帮助的一大常见原因。她们似乎有一个无法摆脱的情结,那就是只能感到自信,只能感到快乐,只能得到肯定,因为有人告诉她们只能如此。

我以前也是这样。我承认,有时我也会妥协。

首先,我想说的是,得到肯定真的很好。从别人那里得到肯定对你来说十分重要,这本身并没有什么错。然而,如果只有这样才能让你感觉良好,如果它成了你的基本需求,那就变成了一个严重的问题。

如果这种情况长期存在,你基本上是把控制自己的权力交给了他人,你就会成为一个提线木偶。然而,大多数时候,操纵木偶的人甚至不知道自己凭空多了这么一份工作。

如果你不确定自己是不是这样的人,那就快速浏览一下下面的选项表吧。

- 你会千方百计地寻求赞美。
- 如果别人没有注意到你的新发型、新衣服或新行为,你会感到沮丧。
- 你愿意和给你面子的人在一起。
- 你可能非常争强好胜。
- 你非常关注自己社交媒体上的朋友数量、点赞数量和跟帖内容。

如果你是这样的人,那么在某种程度上,你把别人的观点看得过于重要了。或许你还没有形成对自己的看法。请记住,你有自己的头脑,不应该只是接受和消化别人的意见。你有能力定义自己,你对每件事情都应该有自己的看法。

过于看重别人的想法,这种行为可能来自你的童年、你的前任或现任、你的同龄人或者你生活中的任何事情。这里的重点不是追究塑造这种行为的人和物,而是让你知道这是一种习得行为,是可以改变的。你没有理由走到人生尽头时还在纳闷:"刚刚发生了什么?我是谁?"此外,通过寻找"需要得到他人认可"的源头,你可以发现,它来自你身外的东西,也许是他人的意见,也许是别的什么,但它从来都不来自你自己。

此处的关键在于，大多数时候，当人们意识到自己是通过他人来定义自己时，也想改变，但左右为难，因为他们不知道自己真正想要的东西是什么，不知道自己真正是谁，甚至不知道自己真正相信什么（看来，探讨第4章"价值观"和第13章的"不可妥协的事情"的过程可能很难）。

我还没有遇到过这样的人（包括我自己），他们在认识到自己是通过他人来定义时，能轻易走出来，能不理会别人的想法，能肯定自己。学会肯定自己、定义自己并不容易，因此一开始步子不宜过大。在此，不妨借用玛莎·贝克演讲中的一个练习，名为"定义你的每个人委员会"。第一步是填空：

- "每个人都认为我是＿＿＿＿＿＿＿＿＿＿＿＿。"
- "每个人都希望我＿＿＿＿＿＿＿＿＿＿＿＿。"
- "每个人都告诉我＿＿＿＿＿＿＿＿＿＿＿＿。"

回答完这些问题后，问问自己，你在这里指的人到底是谁。他们不是你认为的那些期望你成为某个样子的人，而是你认识的那些有这种想法的人，他们已经告诉过你了。通常，名单上只有一个人，最多不会超过六个。有时，一个人也没有。你务必通过这件事为自己敲响警钟，按自己的想法去定义自己。然而，不知为何，不知在什么地方，我们成功地创造了一种观念，即一个人的观点就是所有人的观点。

有点疯狂，对吧？

你很可能直接或间接地从那个很短（或根本就不存在）的"每个人"名单上寻求认同。只要注意到这一点，你就可以远离"只从别人那里获得认可"的念头。记住，你可以选择与谁为伍（见第45章）。如有必要，你可以任命一个新的委员会。

我也相信，我们为了感觉良好而做的许多事情（其中一些变成了坏习惯）都是为了获得安全感。通过自我定义获得良好的感觉，可能会让你失去安全感，因为你很少相信自己的直觉，也不知道自己究竟想从生活中得到什么。从外部寻找爱、认可和尊重，是获得良好感觉的一种非常不安全、非常不稳定的方式。你完全可以按照自己的意愿给自己提供足够的爱和安全感。

第40章
勇敢地坚持自己的信念，即使它不受欢迎

真正让你感到生气的事情是什么？

每个人都可能因为一些事情生气，有时是一些不起眼的小事，有时则是让你大发雷霆的大事。

你想站在讲台上告诉每个人的事情是什么？有哪件事情你觉得有必要让所有人都相信你是对的？想好了吗？

好吧，那是你的"事情"，是你真正相信的东西。它已经刻在你的骨子里，融化到你的血液中。它可能是你对周边环境、动物权利、政治话题、女权主义或传说中的独角兽的看法，是任何对你来说特别重要的东西。

地球上所有人都能达成共识的事情很少。即使你认为你的观点每个人都可以接受（比如，没有人应该挨饿），也许你会感到惊讶，我敢肯定，某些人就不这么认为。

然而，你可能是一个喜欢讨好别人的人（见第7章）。在你坚持

自己的信念时，可能会惹恼一些人，让自己感到很不自在。更糟糕的是，有人可能因此变得不喜欢你。

在写这本书时，这个话题对我来说是一个很大的考验。和你一样，我也是人。在我坚持自己的信念时，我内心的批评家会爬出来，说我惹怒了别人。通过这些年的练习和工作，我的确很擅长控制这种声音。但是，在写这本书时，我还是产生了一丝害怕的想法："这本书真的会惹恼一些人。"

我的心跟我说，大多数人都会喜欢的，甚至有些人会爱上的。但是，在勇气和信心的背后，我曾经有过一些抓狂的时刻。对我来说，害怕激怒众人是一种全新的体验，它让我的内心批判达到了一个全新的高度。

我不可能取悦所有人，谁也不可能。我所知道的事实是，当我们惹恼别人时，我们已经引起了他们的共鸣。因此，我们可以面对失去理性的行为，思考自己的想法，打电话给朋友或同事进行解释。不理智的行为终究会过去的。

当你坚持自己内心的想法时，就是在实现自己的人生目标，就是在尊重自己的价值观念，你更有可能感到满足和快乐，更有可能过上精彩的生活。为你的孩子、为你周围的人、为所有愿意倾听你的人做个榜样吧。他们可能不同意你的看法，甚至会因此批评你。事实上，我几乎可以保证，一定会有人这么做。如果你这么在乎别人的想法或说法，姐妹们，让我来告诉你们——不，让我来求求你们——别管那些了。总会有人批评的，这是不变的事实。

就像其他事情一样，获得支持自己信念的勇气和毅力需要练习。我记得当我第一次在博客上看到"你是世界上最愚蠢的人，怎么能想这个，怎么能写这个"的评论时，我崩溃了，然后我哭了。我想过把文章重新编辑一下，但是我挺住了，因为我相信自己写的东西没错。等我再次看到类似的评论时，我便不那么慌乱了。如今，当有人不同意甚至批评我的信念时，我可以十分轻松地耸一耸肩，甚至会对其产生一丝同情。

不过，这需要不断地练习在跌倒后再爬起来。我相信你知道该怎么做。

如果在你生命的尽头有一份问卷，你打算选择哪一项呢？

- 我没有表达自己充满激情的观点，这让所有人都很开心，因为我不想冒犯任何人。
- 我表达了自己的观点，这对我来说非常重要。

去吧，让每个人都开心吧！闭上你的嘴巴吧！待在你那漂漂亮亮循规蹈矩的盒子里吧！我会为你系上漂亮的丝带的！

如果你相信某件事对你很重要，那么它就住在你的心里，像一场无法扑灭的大火。

还记得那些为我们赢得投票权而游行示威的女性吗？请原谅我在此大谈女权主义，但是请稍微想一想。那是在20世纪10年代末，一群受够了做"二等公民"的女性，她们为女性的公民权利大声疾呼。你认为她们受到批评了吗？你认为人们反对她们的观点了吗？当然。

她们为我们铺平了道路。她们不仅确保了我们今天有权投票，（你能想象今天被剥夺这种权利的后果吗？）而且为我们树立了榜样：要坚持自己的信念。拥有自己的信仰是我们与生俱来的权利，没有人能够将其剥夺。在我看来，作为女性，表达这些想法是我们义不容辞的责任。不必用道歉作为开场白，如"很抱歉，但是……"，而是要勇敢地说："我是这么想的……"

憎恨者永远都会憎恨，无论是什么东西，也无论是什么原因。你的任务不是去找出答案，也不是去试图说服所有人都站在你这一边。

勇敢中蕴含着美和创造力。

你可能不像我和他人那样勇敢，那没关系。表达自己的观点和信念需要勇气，需要进行大量的练习，也需要有一些自信。所以，鼓起勇气，出发吧。

等你我在来世相见时，我会问你："你那份问卷的答案是什么？"

第41章
永远不要为真实的自己道歉

你是否说过"很抱歉,但我就是这样的人"?

想一想,你会不会说出"很抱歉,这就是我,这是我的天性"这样的话?

会不会?

我有两个孩子。当我怀第二个孩子的时候,从她在子宫里的活动方式我就知道,她的性格将与哥哥截然不同。在我听詹妮弗·洛佩兹的歌曲时,我想象着她在里面跳街舞、翻筋斗。几乎从她出生之日起,她就一直围着哥哥转。

你生来如此。毋庸置疑,后天的培养在你的性格中起着一些作用,但主要还是天性。说到这里,就连女神卡卡(Lady Gaga)也会同意的。

我喜欢电影《斯通家族》中的一个场景。卢克·威尔逊说:"每个人都有一面'怪旗',只是没有悬挂而已。"他的意思是说，每个人都有自己独特的一面，注定生来与众不同。这一面可能不受欢迎，但那又如何？

这可能就是一直以来让我们感到不适的地方，既不完美，也不合群。比如，我长着一张在别人看来很大的嘴巴。我说话声音很大，而且常常不假思索。我曾经很讨厌自己这一点，千方百计让自己安静下来，成为一个安静版的自己。我努力成为社会希望我成为的人。我害怕说出自己的观点，害怕冒犯别人。

这让我变成了一个怪物吗？也许对别人来说不是，但对我来说，在我的脑海里，我觉得自己就是个怪物，很不"正常"。

所以，想想你那面"怪旗"吧。它可能会立刻出现在你的面前，也可能需要好好想一想。但有件事情我知道是真的：一旦你认识到并接受了你的"怪旗"，它就不那么怪异了。

首先，列出你认为需要道歉、需要辩护或让你变得怪异的所有事情。然后，换个角度看问题，问问自己，这些东西什么时候帮到了你，你又从它们身上得到了什么。比如，我的大嘴巴这面"怪旗"最终成为我谋生的必要手段，也成为我撰写和出版本书的必要条件，而出书是我儿时以来的梦想。老实说，自打我接受了自己的这一特点，就开始拥有更好的人脉，事业上也屡屡成功，整个人也更加快乐了。

其次，你真正的家人，或真正爱你的人，根本不在乎你的"怪旗"。他们爱的是完整的你。我对天发誓，绝对如此。这里有一些值得思考的东西：有些东西，你自己感到难为情，而别人根本没有注意到，这是因为大多数人都把精力集中在自己身上。我们认为，其他人也在观察和注意我们的"怪旗"，但事实上，他们只关心自己的问题。

我有一个客户，27岁时开始和我一起工作。她性格内向，周末喜欢待在家里，和父母、弟弟一起看电影。几个月前，她和折磨她的男友分手了。她透露说，她周围的人几乎都认为她很"奇怪"，因为她不想谈恋爱，不想在周末出去聚会，而且她没有结婚，也没有孩子，这在当地并不常见。她常常为自己辩解，有时也为自己的"奇怪"感到羞耻。

那些动辄为自己的身份道歉的人缺乏自尊。他们总是试图成为别人，并把自己塞进从众的盒子。

里边很不好，出来吧。

当你为自己的身份道歉时，你是在拒绝自己，拒绝你本来的样子，拒绝你心里的超级明星。你越是拒绝自己，离梦想也就越远，离你想要的生活也就越远。另外，不为自己的身份道歉意味着你接纳了自己，意味着你在为自己的人生目标而奋斗。

> 你越是拒绝自己，离梦想也就越远，离你想要的生活也就越远。

对让你觉得需要为自己的身份道歉的人或事说"不"。记住，这些人只是在应对自己的观点、不安全感，及其对未来的预测。所以，从本质上讲，你之所以会道歉，是因为你的意见和别人的相左，而不是因为你做错了什么。

那就不要再道歉了。

这个世界需要我们做真实的自己，做一面"怪旗"。我们不可能一直和睦相处，意见不可能完全一致。但是，我们越是接近真实的自我，内心的痛苦就会越少，也就越不能忍受对我们无益的事情。拿起你的"怪旗"，带着热情，骄傲地挥舞吧。

第42章

放自己一马

我生来有一种"猛踩油门，全速前进"的倾向。我是一个积极向上的人，一个废寝忘食的人，一个总是把待办事项一一完成的人。所以，让自己休息一下有时看起来就像试图让猫在浴缸里洗澡一样——我会拼命地抓住"浴缸"的两边，试图逃离休息时间。

但是，我从无数次崩溃中学到了一点，那就是，我也是人，我们都是人。如果我不偶尔放松一下，生活就会从我身边飞驰而过，最后我会问自己："生活就这样了吗？我这样对吗？"

生活的意义在于真实地生活。

（我不是在这里和你谈论"把握现在"和"活在当下"的问题，我认为没有人能抓住哪一个时刻，这只会让待办的事项越积越多，让我们陷入深深的愧疚之中。）

你可能已经知道，严格来说，人生的旅途是没有目的地的。但是，当目标设定好了，宏愿得以实现了，生活变得更好了，有时，这个目的地看起来就像是一个真实存在的梦幻之地。更有趣的是，每当我们认为自己快要到达那里的时候，都会遭遇挫折，狠狠地摔上一跤。

这些时候，有一些事情需要认真考虑：

·挫折：你一定会遇到的。我敢肯定，就连奥普拉也会给自己最好的朋友盖尔打电话，告诉她自己今天是多么低落。即使是"高级人类"也有遇到困难的时候，需要自行解决问题。无论你在个人成长和个人发展方面投入了多少精力，你仍然会遇到挫折，仍然要面对很多问题。这没有什么。所以，当你遇到挫折时，尽量不要给其贴上"不好"的标签。挫折就是挫折，仅此而已。补好口红，继续前进吧。

这些都是必经的过程。有时，这个过程中还包含了糟糕的一天或者一周。每隔一段时间，我和我的知己艾米就会进行一次这样的对话，艾米亲切地称之为"真情大放送"。我们拿起电话，抱怨、哀叹、发泄、哭泣，在空中挥舞着拳头……总之，就是乱发脾气。我们互相倾听，除非另一方提出要求，否则，通常不会试图去解决问题。在大多数情况下，即使对方真的在发脾气，我们所做的也不是去平复对方的情绪，而是设法让对方从情绪中走出来。这种情况并不常见。然而，一旦发生，我们心里都明白究竟是怎么回事。

如果你说你从未有过这样的经历，那你是在欺骗自己，是在欺骗整个世界，是赤裸裸的撒谎。好好体会一下吧。如果你正处于"真情大放送"的时刻，请不要让那些情绪掌控你的生活。无论如何，不要在这个时候做出任何重大决定。要保持清醒的头脑，消除紧张的情绪，从中吸取经验教训，然后继续前进。

·设定合理的目标，然后相应地降低标准。关键是要灵活行事。每当新年到来之际，我都会很兴奋，忙着制订新年计划。过去，我常常制定远大的目标。一旦完成不了，便会责备自己。现在，我会看看自己的目标，然后将其降一个等级。即使这样，我知道，中途可能还会出现变故，还要随机应变。

·休息一下。有时，你可能感到不堪重负，不想脱掉睡衣，那就不脱好了。一般来说，你的身体知道什么时候需要休息，所以最好不要和自己的身体对抗。我相信，如果我的身体需要休息却得不到休息，那么这就和"朝我最好的朋友脸上泼水"没有什么两样。

·换个角度。当你发现自己又回到"天哪，要做的事情太多了，真受不了"那样的日子里时，问问自己下面两个问题，看看究竟能不能抽出时间让自己放松一下：

1. 一年后，这个还很重要吗？
2. 如果这没什么大不了的呢？

对于第一个问题,你的答案完全可以是肯定的,即"很重要",那倒也没什么("很重要"?这基本上只是自己认为)。不过,果真如此,你就得想想办法,让它看上去并没那么重要。大多数时候,这只是一种"决定"而已。

• 牢记大局。当我们(哪怕是下意识地)把目光放在生活中的具体目标上时,就很容易失去对大局的把握。我们可能会变得目光短浅,只将注意力集中在生产力和业务量上。此时,我们往往会感到怨恨:怨恨我们不得不做的一切,我们甚至会怨恨自己为了梦想而创造的东西。比如,也许你开创了自己的事业,或者制订了一个健身计划。但是过了一段时间之后,这个你创造的东西似乎反过来开始需要你了。没有了你,它们的一切都会分崩离析。这时候,最好坐下来问问自己,这么痛苦究竟是为了什么。我不是要你去思考生命的意义,但是当你的视野变得狭隘时,不妨问问自己:这一切的真正目的究竟是什么?是为了你自己?是为了家人?是为了让自己感觉良好,还是为了服务他人?

当你自我放松的时候,可能会得到新的能量、新的视野和新的梦想。也许你永远都不会知道……也许你正在钻牛角尖。好好想想吧。

第43章

警告：完美的身材不会给你带来任何好处

我这辈子大部分时间都在锻炼。我从19岁开始就泡在健身房，有小型健身房、全女子健身房、大型连锁健身房、运动健身房等，不一而足。2005年，我在美国运动协会工作。在那期间，我获得了私人教练证书。我还做过一段时间的客户培训工作。我分享这些乏味的经历，就是为了告诉大家，我见过很多女性，她们无一例外都在追求自己的黄金入场券：完美的身材。

我可能是在自说自话，但我还是要说：我们所说的"完美的身材"，即我们在杂志、布告牌、商业广告（商业广告也可能是假的）以及脸书和拼趣（Pinterest）上看到的那些胴体，不会给你带来任何东西。好吧，下面这个观点我已经听过无数次了："但是，它给我带来了自信。当我的大腿变细了，屁股变翘了，肚子变平了，手臂变结实了，我对自己的感觉更好了。"

我不禁要问：为什么？

平坦的腹部真的会给你带来自信吗？苗条的身材真的会让你自我感觉良好吗？如果你认为真的是这样，那只是你认为。

你现在可能会说我。你可能会说："这个女人根本不知道自己在说什么。"那也没关系。但是，如果你真的这么想，你恰恰就是我要找的人。

我是从自己的经验出发，代表多年来我在健身房、更衣室、教室、派对等地方见到的数以百计的女孩和妇女在说话。因为我曾经是这样一个女孩——认为"完美的身材"是通往幸福、爱情和一切的车票。这种想法非常狡猾，非常有影响力，但莫名其妙。

从多年的经验来看，我知道：

外表和内心完全是两码事。

你可以觊觎别人的身体，挑剔自己的身体，甚至讨厌自己的身体，但是等你拥有了这个你如此渴望的外在包装，你只会感到一种虚假的幸福感，就像获了一项空有虚名的奖。这可能会给你带来短暂的快乐。你可能有一个减肥目标，想拥有一定的三围，你做到了，你成功了。但是，朋友，如果你只是依赖体重或体形给自己带来快乐和满足，那你一定会非常失望的。

相反，要从内心着手。勇于面对自己的心魔，因为每个人都有一个心魔。学会滋养自己的心灵，而不是千方百计在别人面前显得完美，因为那些只知道关心你身材的人对你来说一文不值。

怎么，不知道从哪里开始？那就从这里开始吧。

问题：如果你没有完美的身材，那么你究竟会担心什么？担心没有人爱你？担心自己配不上别人，还是担心别的什么？

真相：无论你的身材如何，都应该得到爱。

问题：当你忙于追求完美的身材时，究竟忽略了什么？在你的生活中，有哪些事情需要你立即关注却被你忽视了？是婚姻？是人际关系？是工作？还是自爱或自尊？

真相：答案不是新增加的5磅体重，不是缺失的锻炼，而是你对生活的关注。

问题：你是如何应对生活中的艰难时刻的？（不要表现得好像没有一样！）感受如何？

真相：如果你不想去感受，想麻痹自己，那么这种感受不仅不会消失，反而会变得更糟。你应该认真去感受。如果可以的话，不妨大哭一场。不要怕脆弱，不要怕凌乱，不要怕不完美，不要怕自己会成为一辆"脱轨的列车"。

最后，即便你经过努力获得了"完美的身材"，你身上还有其他地方让你感到不满意。比如，你的外表有不尽如人意的地方，于是，你会尽力去弥补。就在你尽力弥补的时候，你的内心深处又会有别的东西渴望得到你的关注。请不要再浪费时间了，不要再欺骗自己了，因为"完美的身材"并非解决一切问题的答案。请不要再整夜躺在床上，心里想着：我这是怎么了？请不要再浪费时间挑剔自己，希望自己的身材不是现在的样子。这样做无异于在折磨自己的灵魂。

你的每一部分都很完美，都是独一无二的，都是令人艳羡的。有很多人爱你，有很多人崇拜你，有很多人喜欢你本来的样子。请相信他们吧。

第44章
你+感恩=刚刚好

"感恩"这个词最近十分走红，就像时下流行的个人发展话题一样。对此，我真的只有一点要说：

的确如此。

我还没见过谁过着快乐、充实和富足的生活却不懂得感恩的。就个人发展而言，如果在我的生活中只能做一件事情，那无疑就是感恩。这是我在任何时候、任何情况下都能让自己感觉更好的方法和工具。每当生活不顺时，每当精神、情感或心灵上感觉不好时，我就会意识到自己在感恩方面有所松懈了。心存感激总是有好处的。

时至今日，我依然记得感恩改变了我生活的那一瞬间。那时，我刚刚发现自己交往了九个月的男友不仅背叛了我，而且每件事都在撒谎。我像个婴儿一样蜷曲着躺在收拾好的卧室的地板上（此前我和男友说好了，要在此同居，所以我解除了自己公寓的租约，辞掉了令人羡慕的工作），哭得死去活来。十个月前，当我的婚姻结束时，我以为自己已经跌到了谷底，但这次比谷底还要低。我觉得自己像个失败者，我看不到隧道尽头的光明，我真的绝望了。

我记得听人说过要学会感恩，这也许会有所帮助。绝望之际，我试着拿出一张纸来，写下了那一刻让我感激的十件事情，比如健康、教育、家庭、身上的衣服等。这是我为了治愈创伤并成为今天的自己所迈出的第一步。这就是感恩的力量。

让我们从感恩开始吧。感恩的好处都有哪些？

- 科学研究表明，经常感恩的人会更加快乐，很少有抑郁的时候。
- 感恩带来谦逊。谦逊没有什么不好，对吧？
- 感恩打开我们的心扉，带给我们更多的认知，让我们能够付出更多的爱，接受更多的爱。毕竟，这就是我们来到这个世界上的目的。
- 感恩可以吸引更多你感激的东西进入你的生活。
- 感恩让我们成为的一切都足够，让我们拥有的一切都充足。

学习感恩并非一件复杂的事情。最常见的做法是，每天早上或晚上列出你要感恩的事情。下面，我会谈到感恩的诸多方式。不过，你要做的第一件事情是坚持练习。如果你从未尝试过，那就先坚持三十天吧。

1. 首先是日常练习。养成一个习惯，把每天需要感恩的事情写下来。确定一个时间，可以是你早上喝咖啡的时候，可以是你锻炼的时候，也可以是你开始工作之前。至少写出三件事情。但是，如果你有更多的事情，那就一并写下来。即便每天写下的事情都是一样的，也没关系。不过，最好想一些新的值得感恩的事情。我经常要求我的客户列出一百件需要感恩的事情。

2. 现在，再来看看即将到来的美好事物。快速盘点你现在所拥有的东西，如健康、幸福、家庭和爱人，等等。接下来，不妨添加一些马上到来的好事。当你身处困境时，心存感激，因为你很快就会走出困境；当你清楚地知道自己想要什么时，心存感激，因为你想要的东西正在路上。

3. 学会对困难的事情心存感激。不要去回想困难的情况或你做出的决定，更不要为此感到后悔或自责，而要去想想那些情况是如何让你变得更好的，你从中学到了什么，它将如何塑造你的未来，等等。

4. 另一种练习感恩的方法是感谢那些未曾期待感恩的人：给父母写封信；给以前的老师发封邮件；在邮箱里为邮递员放一张便利贴；给配偶的工作单位寄张明信片；给孩子的老师发短信，感谢他们所做的一切。在生活中，我们经常忽略自己最爱的人和最欣赏的人，有时甚至完全忽视了他们的存在。不能让这样的事情再次发生了。

5. 最后，当你去超市或咖啡店时，要感谢售货员，同时还要看着他们的眼睛。在人际交往中，表达感激之情不仅会增加一些人情味，而且还会增进彼此之间的关系。

如果你有孩子，教他们学会感恩是一门重要的人生课程，会让他们受益终身。在我家的餐桌上，我们常问孩子："哪些事情让你感到快乐？"我们在孩子三五岁时就开始这样做。为了使问题更适合孩子的年龄，我们有意将其简单化了。当然，我儿子一开始会说，让他开心的是乐高和消防车之类的东西。但是，我永远不会忘记第二天他说："是你们！你和爸爸让我开心！"

一旦有效，就不要停止。随着时间的推移，你会变得越来越好。

第45章
创建一个优秀的朋友圈

物以类聚，人以群分，这是有科学依据的。如果你对自己很满意，那么你身边的人一定都和你一样。

如果你周围都是负能量的人，那么你的生活一定会很糟糕。

作为人类，我们与他人有着千丝万缕的联系，离群索居是不正常的。就连马斯洛[1]的需求层次理论也指出，人类需要归属感，需要爱。我相信，在生活中，当有人能让你展现自己最好的一面时，你会更加快乐。有谁愿意和一个总是批评自己、挑剔自己的人在一起？没有。

现在，看看你的周围。如果你不明白自己为什么不开心，为什

---

[1] 马斯洛：全名亚伯拉罕·哈罗德·马斯洛，是美国社会心理学家、人格理论家和比较心理学家、人本主义心理学的主要发起者和理论家，以及心理学第三势力的领导人。他的需求层次理论包括五大类，即生理需求、安全需求、爱与归属、尊重需求和自我实现。（译者注）

么总是和负能量的人在一起，为什么糟糕的事情总是发生在你的身上，不妨盘点一下你生活中的"关键人物"。其中，可能有几个不可多得的人，也可能有几个拖你后腿的负能量的人。

你知道"同病相怜"这句话吧？你生活中的负能量的人实际上想让你也不开心，这仿佛是他们的课外活动一样。

如果你碰巧是我所说的那种负能量的人，一定要好好修身养性，才能找到优秀的人并与之为伍。找个治疗师吧，好好读读这本书吧。

你可能正处在人生的某个阶段，你周围都是你认为"应该"相处的人，而不是你想相处的人。也许他们是老朋友（如果是这样，请参见第16章），也许是些很酷炫、很神秘的人。不管怎样，你为什么要把宝贵的时间和精力花在他们身上？是历史原因，还是为了要酷？和你相处的人应该是那些能够给你的生活带来价值、能够尊重你的人。如果你身边的人并非如此，是该好好考虑一下了。

如果你准备创建一个优秀的朋友圈，不妨试试以下方法：

1. 弄清楚你想让谁加入自己的朋友圈以及邀请他们加入的原因是什么。你欣赏什么样的人？想仿效什么样的人？他们具有哪些特质？他们善良吗？有趣吗？有工作吗？这些问题务必很具体。无论是健在的还是故去的，你爱的人是谁？是你的祖母吗？如果是，为什么？如果你的回答是"我喜欢并崇拜查宁·塔图姆[1]，因为他很性感"，那这不是我想要的答案。想一想你自己想要的、在别人身上看到的内在品质吧。

2. 听从自己的直觉。请注意你对他人的反应。如果是初次见面，你会不会不知何故被对方吸引？他吸引你的品质是什么？

3. 加强与你已经认识的优秀人士的联系。在你的生活中，有没有你想与之加强联系的人？如果有，那就行动起来吧，和他们一起计划一些事情。关注你们彼此都喜欢的事情。比如，一起去读书俱乐部，一起喝咖啡，一起去旧货店购物，等等。你甚至可以创造某些惯例。比如，每个月的最后一个星期五一起吃早餐等。

4. 拥抱线上的人物。社交媒体让我们与人的联系变得非常容易，即使是在虚拟的层面上。在网络上也可搜索与你情趣相投的个人或群组。当你们熟悉了之后，不妨来一次线下见面。

当你为自己创建了这样一个朋友圈之后，我敢保证你会慢慢改变。当然，这不可能是一蹴而就的。不过，改变是一定会到来的。如果你周围的人都是懂得如何爱自己的人，都是真诚的人，那么你不想变成那样的人都很难。

---

[1] 查宁·塔图姆：美国影视演员。2006年，凭借剧情片《圣徒指南》获得了第21届独立精神奖最佳男配角提名。2009年，因在电影《地下拳击场》中饰演拳手肖恩·麦克阿瑟入围第11届青少年选择奖最佳剧情电影男演员。（译者注）

底线是：千万不要等待理想的朋友来找你，你可能会一直等下去，要学会主动创建自己的朋友圈。即使你害羞内向，也要找到适当的方法创建你生活中的"关键人物"。

第46章
被大大高估的"了结"

当你谈到一段关系到现在或过去的事情时，说过多少次"我真的要了结这件事"？你想要除去可能压在你身上、影响你日常生活的沉重感。这好比穿着一双不合脚的鞋子走来走去。你感到很不舒服，但是再多的调整也无济于事。你想要解脱。

所谓"了结"，指的是"终止"或"结束"某个行为。然而，它对不同的人来说有着不同的含义。这可能意味着你需要告诉前任你对他或你们关系的确切看法，或者你需要归还他最喜欢的大学运动衫；这也可能意味着你想让他滚远点，或者在内心深处你真的想和他保持联系。

假设一段感情结束了。那种感觉应该很糟。但我认为关于"了结"的一个误区是，你们可以一边喝着咖啡，一边交谈，拥抱一下，然后就"了结"了这一切，仿佛最后那些含糊其词的话能带来解脱，并给这一切画上一个圆满的句号。

真相是：不可能。

当然，你可能确实有话要说。也许你非常想向对方道歉，并得到他的原谅。

但是，当人们认为一些具体的行为可以治愈他们的创伤时，我觉得这样的"了结"纯粹是一个神话，令人费解。而依赖这种神话般的行为则会带来更多的悲伤。

当我的第一段婚姻结束时，我一直觉得，如果我能和前夫再多谈谈，会感觉好一些。如果我再一次告诉他我受了多大的伤害，或者为我在婚姻中的所作所为道歉，那对我来说才算"了结"了。在我寻求这一切的过程中，我意识到我只是想让痛苦消失，我想让这件事过去。我不想离婚，不想一个人，不想重新开始。现实是，没有什么能改变这一点。"了结"不能给我带来这些，能治愈我的只有我自己。

在我们分手后的一段时间里，我们确实一直在聊天，而所有的话题都与我们的遭遇有关：道歉、请求原谅，以及分手后彼此的生活，等等。如果我能描绘出我心目中的"了结"是什么样子，那该多好。

经历了这一切之后，我意识到，无论我们说什么，都改变不了既成事实——我们结束了。分手是很痛苦的。任何言语、任何道歉、任何眼泪都无法改变这一点，也无法让这一切消失。我要么学会放手，要么学会接受现实，要么两者同时进行。

我经常听到这样的话，"我从来就没有真正了结过"。然后，一方拼命地联系另一方，或想把对方打成肉酱，因为心理上这道坎儿无论如何也过不去。

你想要的那种"了结"可能永远不会发生。你唯一能做的就是自我了结，感受内心的平静并爱你自己。

你永远无法改变过去，也无法让对方产生某种感觉。如果对方不愿意的话，你也无法让他接受你的道歉，或听你说话。即使他真的听了，请记住，他的反应可能也不是你想要的。你可能在脑海中幻想过对话在背景音乐的衬托下如何进行（不要告诉我你从来没有写过脚本），但这并不是电影画面。

唯一有帮助的，是朝着积极的方向迈出步伐。步子虽然不大，但累积起来可以起到愈合的效果。以下是一些有用的建议：

- 写封信，但不必寄出。这封信纯粹是写给自己的，不期望对方看到。告诉"对方"你的真实感受。不要退缩。写完之后，把它放在一个安全的地方。如果你仪式感很强的话，就用它做一些有象征意义的事情吧。
- 把整个故事写下来。在此，你甚至可以发挥自己的创造力，把它写成一首诗、一出戏或者任何形式的东西。关键是，要全部写下来，再读一遍，以此获得治愈和新的视角。
- 关注能量疗愈。我相信，当一段关系结束时，很多时候，我们从这段关系中获得的能量仍然存在于我们的内心。如果你对这种事情持开放态度，那么对治愈会很有帮助。

- 问问自己，你真正想从"了结"中得到什么？是为了原谅自己在关系中犯下的错误吗？是说过的话还是做过的事？

帮自己一个忙，接受现实吧，放手吧。在任何情况下，你都可以决定如何"了结"。你是想永远折磨自己，成为"了结"的牺牲品，还是想尽己所能获得内心的平静？

你究竟想要哪个？

第47章
生活平衡是一个伪命题

　　常常有人问我这样的问题："如何才能找到生活的平衡？"每当我辅导的客户问我这个问题时，我都会很抓狂，因为我根本不知道答案，我自己也在不断地寻找答案！我认为其他女人都已经找到了"生活平衡"的方法，而我自己在生活、婚姻、教育孩子等方面肯定是失败的，因为我根本不知道如何去做。我仿佛是在追逐一只骑在双重彩虹上的难以捉摸的独角兽，我已经很累了。

　　再来几杯咖啡，我肯定会彻底崩溃。

　　后来，有一天，我读到了丹妮尔·拉波特的博客，她说根本没有生活平衡这回事。实际上，对生活平衡的追求给我们带来了更多的压力，而我们永远也不可能做到这一点。

　　我晕了。

　　但不是真的晕倒了。不过，这正是我一直在寻找的答案，我完全同意她的观点。关键是，我没见过哪个女人在任何时候都能保持生活平衡。那些说自己找到答案的人不是安定片吃多了，就是当着你的面在撒谎。

我们总是将自己淹没在要做的事情当中，淹没在"应该"做的事情当中，淹没在进步的、深远的、成熟的事情当中。我们一边看着奥普拉的脱口秀，一边在脸书上漫无目地搜索着问题的答案。

事实上，在人生的某个阶段，我们都会在工作、婚姻、人际关系、朋友关系和为人父母方面暴露出某些失败之处，随之而来的便是愧疚感，觉得自己做得不够好。如果你希望自己无论何时都能做到八面玲珑，面面俱到，那肯定是不现实的。

因此，我们要么接受生活平衡并不存在，尽己所能把事情做好；要么继续追逐骑在双重彩虹上的独角兽，连连失败。

这完全由你来选择。

几年前，我的一位导师告诉我，她用牧牛犬的比喻来看待生活平衡。所有的牛都按顺序往前走着，突然有一两头转向了另一个方向。牧牛犬跑出去，轻咬着离群的牛，让它们回到牛群中。这种情况会多次发生，这是畜群的天性。牧牛犬不知道哪头牛会在什么时候跑偏，但它知道自己的工作就是保证牛不乱跑，从而确保牛群的安全。谁都无法保证牛群永远朝着一个方向平稳地前行。

我觉得这个比喻虽不太恰当，但如果你是一位母亲，领着一大家子人，与此不是很像吗？即使不像，你也可能会有同感。我认为，一旦我们放下心目中的生活平衡，就是向自由迈出了可喜的一步。

在开始谈论方法之前，我想把"生活平衡"这个说法改成"在现实世界里努力保持理性"。这样，感觉好多了。

现在，让我们回顾一下那些能确保你"尽力而为"的方法。这样，你便可以重新定义"生活平衡"，保持自由，继续过着快乐的生活。

1. 现在回到第4章，检查一下你的"价值观清单"。如果你未能践行其中的绝大部分，那么你肯定会感到非常失落，也许你的生活正陷入危机。检查一下吧，姐妹们。同样，请重新审视一下你的那些"不可妥协的事情"（第13章）吧。"锻炼"是不是你以"没有时间"为由迟迟未做的"不可妥协的事情"？不可妥协就是不可妥协，没有商量的余地。如果你不尊重自己的"价值观"，不去做那些"不可妥协的事情"，那么生活不可能是"平稳的"或"理性的"。

2. 注意你是否在拿自己的生活和别人的做比较。你所比较的生活可能并不是现实，而只是表面现象。你看到别人的"牛群"在平稳地行进，你会认为他们总是这样。事实并非如此。所以，要看看自己是不是迷失在别人的生活里，你的眼里是不是只有别人的孩子、假期、奖项及美妙的时光。

3. 弄清楚生活平衡对你来说到底是什么样子。明确它的定义之后，就要为自由和狂欢腾出一些空间。在你的日程表上，有没有"一周给自己放一天假"？如果有，那就坚持下去，让它变成神圣不可侵犯的一天吧（它似乎变成一件不可妥协的事情了）。和你丈夫的沟通是健康的吗？是开放的吗？能确保他支持你、赞同你的做法吗？这些事情可能很容易忘记，因为它们并非什么惊天之举，且就在我们生活的细节中。

请记住，姐妹们，我们都在奋力前行。当谈到生活平衡的神话时，让我们给自己和对方留一个喘息的机会吧。

第48章
多经历失败

当你读到这一章的标题时,是不是有点不安?不用担心,我写这个标题时也是如此。

对许多人来说,"失败"是不好的。失败是痛苦的、丑陋的、羞耻的,也是不可接受的。波伯·华纳橄榄球赛观众席上每一位失控的父亲都会这么告诉你。当他看到自己的孩子失败时,他额头上的血管都快爆了。

我不是第一个谈论这个话题的人。打开互联网,可以看到各种各样有关失败对人们来说如何重要的文章。心理学家、学者和教师们经常谈论这个问题。但是,在我们的内心深处有一种东西,让我们很难面对失败。我认为,对于女性来说,那就是完美主义、自己的外表,以及他人的看法,这些东西经常会加剧我们对失败的恐惧。仔细想想,这其实是一个悲剧。我们害怕尝试新的事物,因为我们害怕别人说三道四。而事实上,那些人可能和我们一样害怕,或者并不像我们想象的那样在乎。

有点荒唐，对吧？

生活中，每个人都经历过失败。无论是一场考试，一段感情，一次商业冒险，一个新的想法，一次溜冰体验，还是试图让七分裤回归时尚。我们每天都在冒险，这是生活的一部分，虽然有时并不能获得成功。

想一想你某一次失败的情形，以及如何来讲述这个故事。假设你开了一家公司，把自己的积蓄全都搭了进去，最后却落得个关门的下场。当你告诉别人这件事情的时候，你可能会说："我的生意失败了，我失去了一切，真是糟透了。真不该开这么一家公司。这是一个愚蠢的决定。"你也可以说："不幸的是，我不得不关闭歇业。不过，我从这次经历中学到了很多东西，我很喜欢。"

你不仅可以选择如何看待这种情况，还可以选择如何向他人讲述这个故事。当你想到或谈论自己的失败时，是一种怎样的感觉？如果这让你感到很糟糕——现在你应该知道我要说什么了——你应该重新思考一下你对这种情况的看法了。你完全可以控制这些想法及其带给你的感受。

如果你没有失败，说明你还不够努力。如果你不够努力，就是在小打小闹。如果你是在小打小闹，那才是真正的失败。

当你想到你最喜欢的运动员、作家或演员时，你会想到他们失败过多少次吗？不会的。你想的都是他们如何成功，如何出色。

你去世后，没有人会谈论你活着的时候失败过多少次，没有人会在乎你在织毯子、开公司或做蛋奶酥时失败的情形，他们只会想到或谈论你有多棒。但是，如果你一生都处在对失败的恐惧中碌碌无为，他们又怎么能知道你有多棒呢？

我遇到的一些女人，她们害怕做自己想做的事情，因为她们总是害怕失败。她们中的许多人认为，她们需要在采取行动之前彻底消除恐惧心理，达到无畏的境界。

这里，请让我告诉你一个秘密：我讨厌"无畏"这个词，我还没见过一个完全没有恐惧的人。每个人都有恐惧，只是程度不同而已，我们中的一些人选择去克服它，而另一些人则没有。你想成为哪种人？

在电影《夺金三王》中，乔治·克鲁尼扮演的角色阿奇说："事情是这样的：你做了自己非常害怕的事情，之后（而非之前）获得了勇气。"我觉得他说得很对。所以，如果我们知道尝试过后就有勇气去做自己之前非常害怕的事情或害怕失败的事情，你会去尝试吗？如果我告诉你，每个你认为勇敢的人都是在采取行动后找到勇气的，你会怎么想？这会给你带来勇气吗？

唯一的失败是不去尝试。允许你内心的批判家替你生活，替你做主，这才是真正的失败；因为害怕在他人面前出丑而选择小打小闹、止步不前，这才是真正的失败。

你很优秀，不应该这样。

第49章

运动不应该变成体罚

要写这本书,就不能不谈到这一点。

如果你和运动是最好的朋友,那么你可以跳过这一章。但是,如果你和这个星球上的大多数人一样,那你可能属于不爱运动的那一类(当然,我希望你是例外)。

你不喜欢运动,可能有生理上的原因,不过,这不是本章讨论的主题。但是,看在上苍的分上,请不要觉得运动是一种惩罚。许多人讨厌运动,这并不奇怪,因为运动可能被他们自己、教练、体育老师、医生或父母当作惩罚的手段。请不要因为没有坚持节食而用运动来惩罚自己。你不应该因为任何事情受到惩罚,尤其是没有坚持节食。

人类的身体离不开运动。从生理学和生物学上来说,几千年前,人类尚未进化到今天的地步(虽然今天很多人也浑身毛发……毛发有益健康,对吧?),那时的人类只是为了生存而运动。从严格意义上讲，那根本算不上运动，只是"活动"而已。如果我们把自己放到那个时候会怎样？如果我们不是将其称为"运动"，而是把它叫作"活动"，又会怎样？不用去想究竟燃烧了多少卡路里，耗费了多少时间，或者哪种运动装备会让你看起来更加苗条。

最重要的一点是，要做自我感觉良好的事情。如果你说没有什么能让你感觉良好，那我只能说你很笨。只要你早上能从床上爬起来，走到咖啡机旁，你就有精力去活动活动。

也许你想做的事情与众不同，也许你是一个想跳尊巴舞的男孩，也许你是一个想打拳击的女孩，也许你想荡秋千……如果你是那种一听到手机铃声就想摇摆臀部的人，那就在你的房子里，在你的车里，或在任何一个地方，尽情地摇摆吧。无论你如何活动身体，都不必看起来像锻炼。有些人讨厌健身房。没关系，那就去别的地方吧。

几个月前，我去买旱冰鞋参加比赛。这时，一个女人走进店里。她看上去六十好几，快七十了，她也来买旱冰鞋。我们聊了起来。她告诉我，她喜欢运动，但厌倦了走路。年轻时，她一直喜欢滑旱冰。如今，她还想再滑一次。她说她一直梦见滑旱冰，所以今天来买一双旱冰鞋，送给自己当生日礼物。

这是一位多么了不起的女人啊。

聊了几分钟后，我告诉她："我觉得你能再次滑旱冰真的很棒，因为你做了一件自己喜欢的事情。"她语气轻松地说："我本以为来到这里会有人嘲笑我，笑我都是一个老奶奶了还想滑旱冰。"

她的话让我陷入沉思……有多少人在做他们"不想做"却"应该做"的运动，又有多少人害怕去做自己真正喜欢的事情。如果你真的讨厌跑步，那就别跑。如果你认为瑜伽很无聊，那就停下来，找点别的事情做。如果有必要，不妨去尝试二十种不同的运动方式，直到找到自己喜欢（至少是不太讨厌）的一种。这就像约会一样，不合适，就再找一个。

我再问一遍：等你到了生命的尽头，会突然喜欢上那件花了几百个小时去做但自己压根儿就不喜欢的事情吗？

如果你报名参加自己不喜欢的活动，得到的只能是不愉快，其结果只能是郁闷、怨恨、自我打压、一团乱麻。你懂的。

除了承诺不用运动来惩罚自己之外，不妨将"运动"叫作"活动"。走出思维定式，尝试自己想做的事情。这里还有一些建议：

・寻找一个伙伴。"互助伙伴"是继查克・诺里斯[1]之后最好的东西（如果你能让查克・诺里斯成为你的"互助伙伴"，那就更好了）。与对方设定现实的目标，设计你们互相监督的方式，并坚持下去。

---

[1] 查克・诺里斯：美国著名武术家，世界著名空手道巨星，也是著名的武打电影明星，曾四次入选"黑带群英殿"，即1968年荣获"擂台悍将奖"，1975年荣获"武术导师奖"，1977年荣获"杰出武术家特别奖"，1979年荣获"杰出武术家综合奖"，并于1997年成为西方第一个得到跆拳道黑带8段的人。（译者注）

·庆祝自己的成就,即使只是开始某项训练。培养一个习惯可能很难,所以即使你只锻炼了五分钟,也是一个胜利!

·循序渐进。步子太大太快会让你不堪重负,导致受伤、倦怠,乃至厌倦,小小的酸痛就能让你放弃。有时,像婴儿一样的步子也太大了,所以不妨试试龟步。

对了,凯格尔运动[1]确实可以算作一种运动,但不要把它作为唯一的运动。

---

1 凯格尔运动:又称为"骨盆运动",是一种简单易行的骨盆底的肌肉运动,可强化骨盆底的肌肉。(译者注)

第50章

寻找信仰

这一章可能有些争议。你可能喜欢,也可能不喜欢。

坦白地说,我嫁给了一个没有信仰的人。有时,我会想,当有一天我站在上帝面前时,他会不会说:"你这一辈子过得不错!只是你嫁给一个没有信仰的人……这到底是怎么回事?"

关键是,我不会评判别人对信仰的看法。在我看来,我们大多数人都在向同一个神灵祈祷,所以我选择不与人争论。我丈夫和我讨论过死后的情形。他坚信"生活大爆炸理论",认为人死灯灭,一切都不复存在了。

而我的想法则不一样,部分是因为我生长在一个基督教家庭,但主要是因为我选择相信世界上有比我更伟大的东西存在。我相信有一样东西给了我我想要的智慧。当时机成熟,我准备接受它时,它会给我我想要的一切。我要告诉你的是,我在过去7年中学到的一切,我倾注在这本书里、我的事业里、婚姻里、育儿方式里的全部心血，都源自一个更高的力量。

在我人生中最困难的时刻（父母离婚、自己离婚、戒酒，等等），我感到失落、无助和绝望。在那些时刻，我求助于自己的信仰，它对我放下一切——痛苦和折磨——治愈创伤起着至关重要的作用。

现在，我真的不在乎你信仰什么，不信仰什么。最重要的是，我认为人们必须学会放下，学会释放自己的痛苦。

在我发现前夫有外遇并提出离婚的几天后，我妈妈和继父从州外来到我的小公寓，和我住在了一起。有一天，我下班回到家，发现妈妈在散步时绊了一跤，把脸擦伤了。她伤得不重，但是当我看到她的侧脸肿得像包子时，实在有点接受不了。我把他们"赶走"了，让他们回家养伤，然后关上门，跪在地上哭了。

我大声喊着："我不知道等待我的是什么，但我知道绝不会是这个样子。我无法忍受这样的痛苦和折磨，我的心再也承受不了了，请帮我减轻一些痛苦吧。"我的日常生活并没有在那一刻发生奇迹般的变化，没有云开雾散，但我的精神世界却发生了转变。我感受到了希望，我不想永远这样生活下去，因为有更好、更大的计划在等着我。我要做的就是一直抱有希望，而不是绝望，哪怕这种希望非常渺茫。

在这样的时刻，相信世界上有比自己更伟大的力量在守护着我们，这样的力量可以改变我们的生活。你可以叫它天使、灵魂、上帝、宇宙，等等。世界上的确存在着完全由爱构成的东西。

如果你真的认为有一种巨大的爱的能量在守护着你，难道这不是最好的事情吗？

我承认我是这样的一种人：当我够不到降落伞时，我会向上苍祈祷；而不是一边去够降落伞一边大喊"妈的！见鬼！救——命——啊！"我确实经常练习感恩，但我真的应该把每天的信仰活动装饰一下。我得到的启发是，"灵性"不必以某种方式出现。我知道，即使是"灵性"这个词也会让人感到不适，而"宗教"一词更会让人想要逃跑或躲藏。所以，你怎么称呼它都可以。你可以称之为爱、超自然的存在、恩典、本性。总之，任何让你感觉良好的词都可以。假如你还没明白，不妨这么说吧：任何让你感觉良好的东西通常对你来说都有好处。

我不是要你皈依任何一种你不想皈依的宗教，我只是想让你在生活中能够放弃控制、痛苦、焦虑、无奈、绝望、压力，以及任何让你感到窒息的东西。

因为任何让你的生活变得更加平静、更加轻松的事情，都会让你拥有更多的精力，让你过上更加精彩的生活。

这是真理。

第51章

勇敢说出你是如何麻痹自己的感觉的

如果我不是"麻木镇"的前任镇长,也就不会写这一章了。我曾在不同程度上沉迷于人际关系、购物、体重秤、运动、完美、控制欲和酒精等事情。直到2011年戒酒之后,我才充分意识到,我竟然用了那么多不同的方式来麻痹自己的感觉,从一种方式到另一种方式,仿佛是在做某种力量训练一样。

我首先想说的是,麻痹自己的感觉是很正常的。我不是说这样做没有问题,而是说,首先要注意到这一点,其次要勇于承认。

你们中的一些人可能无法理解,因为你们不像我那样有上瘾行为。但请考虑一下,如果你一直试图利用外部的东西来改变自己的感觉,那么你很可能会对这个东西上瘾。

如果你感到压力大、不安、沮丧、愤怒、孤独或悲伤,你会给自己倒一杯酒让自己感觉好一点吗?你会暴饮暴食吗?你会从别人那里寻找爱情、性、约会吗?你会睡觉、闲聊或拖延吗?你会被动接受，让它淹没自己吗？如果这对你来说是一个完全陌生和可怕的观点，那么请继续读下去。

社会告诉我们某些感觉是"不好的"，比如"绝望""愤怒""嫉妒"等，就连"悲伤"也会遭到恶评。社会还告诉我们"应该"或"不应该"拥有某种感觉，或者应该尽快把现有的感觉变成"更好"的感觉。

应该！应该！应该！哪儿来的那么多应该啊！

我还认为，让我们变得麻木的是别人告诉我们应该如何去感受。有多少人对你说过"不要难受！别哭，没那么糟糕，这已经很好了"之类的话？之后，你会感觉更糟，因为你的感觉被别人否定了。事实是，当人们告诉你这样的事情时，他们说的东西与你无关，只与他们自己有关。看到你痛苦会让他们感觉不舒服，他们希望痛苦的感觉消失，希望快乐回来。他们的意图是好的，但是很多时候，这会让你感到更糟，会让你想方设法不去面对自己内心的真实感受。

我的一个客户已经接受治疗好几个月了，我们大概每个月见一次面。在一次治疗中，她告诉我，她工作上正面临着一些压力，这让她备感焦虑。她发现，自己以前的一些消极想法又回来了。她担心，如果她不能立即改变，会回到"从前的样子"。于是，她想寻求我的帮助。用她自己的话说，她"想让那些感觉消失"。我说："当然，我们可以解决这个问题。但如果你顺其自然，体会自己的感受，而不是抗拒和对抗它，会怎么样呢？"她的回答是："我觉得自己解脱了。"

- 要是我们的感觉对我们来说都是完美的，会怎样？
- 要是我们的感觉没有"不好的"或"错误的"，会怎样？
- 要是感受到更困难的感觉是生活的一部分，会怎样？
- 要是感受所有的感觉让我们变得更棒，会怎样？
- 要是通过感受所有的感觉，我们可以更多地了解自己、了解世界，会怎样？
- 要是所有的感觉都没什么大不了的，会怎样？

还记得我在第一章里说过的话吗？当涉及你的感受时，你可以做出选择。你可以选择去感受，也可以选择不去感受。但是，当你麻痹自己的感觉时，这并不意味着它们消失了。实际上，它们仍然存在。

我亲身体会到人真的会对某个东西上瘾。如果你认为自己已经对某个东西上瘾，且它已经影响到你的正常生活，请寻求专业的帮助。本章的目的就是要让你注意到当你试图逃离自己的感觉时会做什么。问题是，当涉及到自我认识时，你不可能对已知的东西装作未知。当你非常确定（或者绝对肯定）你的某些行为对你没有好处，或者可能对你造成伤害时，你就很难将这种意识推开。因此，我希望你能诚实地面对自己的情况。

有时，我们甚至不知道自己试图麻痹的是什么。想找出这个问题的答案，最好的方法就是停止麻痹自己，一连停止三天。当你想要去拿饮料、药片、食物或其他东西时，问问自己是什么感受。你想改变什么？你在逃避什么？让你感到不舒服的东西又是什么？

那就接受自己的感受吧。不管是什么，要知道，你并没有错，你的感受没有任何问题。坚持三天，直到你能确定自己需要什么样的帮助，以及如何得到这样的帮助。

第52章
要让自己适得其所

我不记得第一次听到"你要让自己适得其所"是什么时候了，但我知道那是在我遇到危机的时候。我清楚地记得我很讨厌这句话，并且可能让说这句话的人立刻走开。我认为，这句话说起来容易，可做起来难。

我从中得到的启示是，无论你是在艰难地挣扎，还是在享受美好的时光，这些时刻——无论你喜欢与否——对你的人生道路都是至关重要的。所以，此处最合适的一个词是：相信。

相信宇宙会支持你；相信你注定且能够成就伟大；相信尽管你现在不尽如人意，但美好的事情即将到来；相信你有力量和耐心坚持下去，因为坚持下去是唯一的出路。

相信你注定且能够成就伟大。

你可能处于十分自卑、缺乏自信的状态，总是拿自己和别人比较。要相信，你现在所处的位置将成为未来的出发点。

你可能因为分手而受伤。要相信，这种情况将是一次难得的学习经历。回过头来，你会清楚地看到自己在下一段感情中想要什么，不想要什么，哪些东西是可以容忍的，哪些是需要改进的。一定会的。

也许你可能十分悲伤。我听说治疗师称"悲伤"为"治愈的感觉"，我相信这是真的。是不是很苦涩，很难受？是的。有时，一天会过得很慢，仿佛你心里装着一袋二百磅的土豆似的。要相信，悲伤最终会将你治愈。

也许你对什么东西上瘾，如食物、酒精、毒品、爱情、性、购物等。这可能让你感觉没有出路，如同隧道尽头没有光明。要相信，这段经历最终将凭借其巨大的能量让你康复。

也许你不知道自己的目标是什么。你觉得时间在流逝，大多数人都看明白了，唯有你依旧稀里糊涂。要相信，也许你不需要亲自去寻找目标，目标最终会自己找上门来。

在辅导过程中，我经常问我的客户："此刻有什么是完美的？"事实上，这个问题有时非常刺耳，让人感到恐慌，仿佛他们非得在一个非常不完美的时刻想到一些"完美"的事情似的。

如果说寻求"完美"让你不知所措，那就问问自己，此时此刻有哪些东西是"没有问题的"。姑且把注意力放在这一点上。允许自己忙一些"零碎"的小事，它们可能是你走向痊愈的小小垫脚石。你人生道路上的"小面包屑"有可能会带你到达最大、最高、最强的自我。

《吉纳妈妈的女性艺术学校》一书的作者吉纳妈妈说:"学会断定自己的处境就是最好的处境。"这里的关键词是"断定,断定,断定"。我坚信,你所抵抗的东西就是你坚持的东西。如果你正在处理一个棘手的问题,并且拼命想逃,那么不妨判断一下你的处境,或许这就是最好的处境。

别的不说,无论你身处何种境地,都可以选择"静止不动"。要是今天、本周、本月,甚至今年你不想变得更聪明、更智慧、更现实、更勇敢、更好或更快呢?对你来说,最好的事情就是保持原状。

是的,最好的自己和最精彩的人生就在前面。不用担心,它们会等你的。你旅途中所有的跌倒、迷路乃至停滞不前都是你最终到达目的地的不可或缺的组成部分。

最终,一切都会如你所愿的。

北京市版权局著作权合同登记号：图字01-2023-3620

52 WAYS TO LIVE A KICK-ASS LIFE: BS-Free Wisdom to Ignite Your Inner Badass and Live the Life You Deserve by Andrea Owen
(Copyright notice exactly as in Proprietors' edition)
Copyright © 2013 by Andrea Owen.
Published by arrangement with Adams Media, an Imprint of Simon & Schuster, Inc.
through Bardon-Chinese Media Agency
ALL RIGHTS RESERVED

图书在版编目（CIP）数据

了不起的自己 /（美）安德烈娅·欧文著；江美娜，张积模译. -- 北京：台海出版社，2024.7
书名原文: 52 WAYS TO LIVE A KICK-ASS LIFE: BS-Free Wisdom to Ignite Your Inner Badass and Live the Life You Deserve
ISBN 978-7-5168-3838-9

Ⅰ.①了… Ⅱ.①安… ②江… ③张… Ⅲ.①心理学—通俗读物 Ⅳ.①B84-49

中国国家版本馆CIP数据核字（2024）第089597号

了不起的自己

著　　者：〔美〕安德烈娅·欧文	译　　者：江美娜　张积模
出 版 人：薛　原	责任编辑：俞滟荣

出版发行：台海出版社
地　　址：北京市东城区景山东街20号　　邮政编码：100009
电　　话：010-64041652（发行，邮购）
传　　真：010-84045799（总编室）
网　　址：www.taimeng.org.cn/thcbs/default.htm
E - m a i l：thcbs@126.com

经　　销：全国各地新华书店
印　　刷：嘉业印刷（天津）有限公司
本书如有破损、缺页、装订错误，请与本社联系调换

开　　本：880毫米×1230毫米	1/32
字　　数：143千字	印　　张：6.875
版　　次：2024年7月第1版	印　　次：2024年7月第1次印刷
书　　号：ISBN 978-7-5168-3838-9	

定　　价：55.00元

版权所有　　翻印必究